RECUEIL

DE TOUTES

LES LETTRES ET PIÈCES OFFICIELLES

ÉCHANGÉES

De Novembre 1855 à Septembre 1857

RELATIVEMENT AUX QUESTIONS DE PLANS,

DE TRACÉS

ET DE CONSTRUCTION DES CHEMINS DE FER

DU GRAND-DUCHÉ DE LUXEMBOURG

AINSI

Qu'aux droits de la Société de déléguer M. Favier près le gouvernement grand-ducal pour la discussion des plans.

PARIS

IMPRIMERIE CENTRALE DES CHEMINS DE FER DE NAPOLÉON CHAIX ET Cⁱᵉ,

Rue Bergère, 20, près du boulevard Montmartre.

1857

RECUEIL

DE TOUTES

LES LETTRES ET PIÈCES OFFICIELLES

ÉCHANGÉES

De Novembre 1855 à Septembre 1857

RELATIVEMENT AUX QUESTIONS DE PLANS,

DE TRACÉS

ET DE CONSTRUCTION DES CHEMINS DE FER

DU GRAND-DUCHÉ DE LUXEMBOURG

AINSI

Qu'aux droits de la Société de déléguer M. Favier près le gouvernement grand-ducal pour la discussion des plans.

PARIS

IMPRIMERIE CENTRALE DES CHEMINS DE FER DE NAPOLÉON CHAIX ET Cᵉ,

Rue Bergère, 20, près du boulevard Montmartre.

1857

RECUEIL

DE TOUTES LES LETTRES ET PIÈCES OFFICIELLES

ÉCHANGÉES

De Novembre 1855 à Septembre 1857,

RELATIVEMENT AUX QUESTIONS DE PLANS, DE TRACÉS ET DE CONSTRUCTION DES CHEMINS DE FER

DU

GRAND-DUCHÉ DE LUXEMBOURG.

AINSI QU'AUX DROITS DE LA SOCIÉTÉ DE DÉLÉGUER M. FAVIER PRÈS LE GOUVERNEMENT
GRAND-DUCAL POUR LA DISCUSSION **DES PLANS.**

PIÈCE N° 1.

Nancy, le 3 décembre 1855.

Monsieur l'administrateur général de l'intérieur du grand-duché de Luxembourg.

Monsieur,

3 décembre 1855.

Demande de la fixation des points où les trois lignes doivent aboutir aux frontières, et si le tracé par Hespérange sera adopté, et si la nouvelle loi d'expropriation est approuvée.

J'ai l'honneur de vous accuser réception des trois lettres que vous m'avez adressées les 24 et 29 novembre dernier.

La première m'annonce que la Chambre des députés a adopté, dans sa séance du 24 novembre, le projet de loi relatif à la concession que le gouvernement nous a faite, à M. Jouve et à moi, des chemins de fer du grand-duché.

La deuxième, du 29 novembre, me fait part que cette loi a reçu la sanction souveraine le 25 du même mois.

La troisième, du 29 novembre également, me remet copie des statuts que j'avais soumis à votre examen.

Les modifications que vous désirez, Monsieur l'administrateur, voir apporter à ces statuts seront soumises à mes collègues futurs, qui les examineront avec toute l'attention qu'elles méritent.

J'ai l'honneur **de vous rappeler qu'il est urgent** que le gouvernement du grand-duché **me fixe sans tarder davantage les points où les trois lignes devront aboutir aux frontières belge, française et prussienne, autrement il ne me serait pas possible de lui soumettre dans les délais fixés les études définitives.** Celles de la ligne vers Thionville sont déjà presque terminées. Quant à ce qui concerne les opérations sur le terrain, **je suis obligé de les faire suspendre jusqu'à** ce que vous m'ayez désigné le point où cette ligne devra aboutir **à la frontière française.**

Il est non moins important que je sache dans un très-bref délai si le tracé de **l'embranchement vers Trèves par Hespérange**, qui se trouve étudié **dans l'avant-projet que je vous ai soumis**, sera adopté. Je compte à ce sujet beaucoup sur votre obligeante intervention.

Veuillez aussi me dire, Monsieur l'administrateur, si la nouvelle loi d'expropriation que vous avez bien voulu me promettre de présenter à la Chambre est approuvée. C'est bien à désirer, si vous tenez à ce que des obstacles indépendants de ma volonté n'empêchent les travaux de la ligne vers Thionville d'être en cours d'exécution avant le 1er septembre 1857.

Je vous prie, Monsieur l'administrateur, de m'honorer d'une prompte réponse et d'agréer l'assurance de ma haute considération.

Signé FAVIER.

PIÈCE N° 2.

Luxémbourg, le 6 décembre 1855.

Monsieur Favier,

Par votre honorée du 3 de ce mois, vous me signalez qu'il est urgent que le gouvernement grand-ducal vous fixe sans retard les points où les trois lignes de chemin de fer concédés devront aboutir aux frontières belge, française et prussienne, afin que vous soyez à même de soumettre les études définitives dans les délais voulus.

J'ai l'honneur de vous faire remarquer à ce sujet que les délais d'achèvement **ne courent qu'à dater de l'approbation des plans et de la détermination définitive des divers points de jonction aux frontières avec les lignes étrangères correspondantes; c'est ce que dit l'article 2 du cahier des charges.**

— 5 —

Les plans complets détaillés pour les lignes vers Arlon, Thionville et Trèves doivent sans doute être présentés dans les délais de l'article 3, **et il se conçoit que les plans ne peuvent être complétés avant la détermination des points de jonction.**

Mais aussi pour obtenir cette détermination, il faut le concours des concessionnaires, et ce concours de leur part **consiste à soumettre un avant-projet** qui, **après approbation par le gouvernement,** doit servir de base aux négociations à entamer dans le but de fixer les points de raccordement.

Aussi j'attends l'avant-projet de la ligne de Thionville pour pouvoir entamer ces négociations, et il en a été convenu de la sorte avec M. Jouve, l'un des concessionnaires qui, à son départ d'ici, avait promis d'envoyer dans les premiers jours cet avant-projet.

Il ne sera pas perdu un moment pour vérifier les plans préliminaires et pour agir de manière à ce qu'il puisse être satisfait au décret du 25 mars 1852.

Quant à la question de l'embranchement vers Trèves par Hespérange, qui fait aussi l'objet de votre lettre, elle doit également être précédée de la communication de l'avant-projet dans cette direction, et on ne perd pas de temps pour remplir les promesses que le gouvernement a faites à cet égard.

Cependant je ne pense pas que cette dernière question doive être résolue avant la fixation du point de jonction vers la France, puisque dans tous les cas la ligne de Thionville doit passer par Hespérange.

La nouvelle loi d'expropriation est en ce moment soumise à S. A. R. le prince Henri, et j'espère pouvoir en saisir prochainement la Commission de législation et la Chambre.

Agréez, etc.

L'administrateur général,

Signé JURION.

PIÈCE N° 3.

Nancy, le 16 décembre 1855.

Monsieur JURION, *administrateur général de l'intérieur, à Luxembourg.*

Comme il a été convenu entre M. Favier et moi avant son départ pour Paris, j'ai l'honneur de vous adresser par le courrier de ce jour un paquet renfermant les plans autographiés des lignes du chemin de fer de Luxembourg, savoir :

10 exemplaires de la ligne de Luxembourg à Wasserbillig.
9 exemplaires de la ligne de Luxembourg à Arlon,
10 exemplaires de la ligne de Luxembourg à Thionville.

Je regrette de ne pas avoir pu vous les adresser plus tôt. Les minutes me sont arrivées bien tard, et le travail de décalque a été plus long que je ne le pensais. Le temps affreux qu'il fait depuis mon arrivée à Nancy a retardé un peu nos opérations sur la ligne de Thionville, et je ne puis, quant à présent, vous préciser le jour où je pourrai vous adresser le profil de l'extrémité de la partie française et dont j'ai eu l'honneur de vous entretenir.

Agréez, etc.

Signé Jouve.

PIÈCE N° 4.

Luxembourg, le 22 février 1856.

Monsieur,

22 février 1856·

Établissement d'une double voie entre Luxembourg et Hespérange.

J'ai vu hier S. E. M. le gouverneur de Wedel, et lui ai exposé la difficulté concernant la direction à donner à la ligne de Luxembourg vers Wasserbillig. Le général m'a autorisé à vous dire que, dans son opinion personnelle, l'établissement d'une double voie entre Luxembourg et Hespérange, se bifurquant à ce dernier endroit, mais sans jonction au même point, pouvait satisfaire aux exigences de la défense de la place. D'après ce système, les convois partant de Thionville en destination de Wasserbillig et au delà, toucheraient d'abord la gare de Luxembourg et reviendraient sur Hespérange par la deuxième voie, et réciproquement pour les convois venant de Wasserbillig en destination de Thionville. Le général n'a pas à prendre de décision, laquelle est réservée à la diète, mais son avis est naturellement d'un grand poids et il veut prendre l'initiative de la proposition. Il demande donc que je lui soumette un plan d'après ses vues, et cela dans le plus bref délai possible.

L'intérêt luxembourgeois ne paraissant sous aucun point de vue contraire à ce projet, je pense pouvoir l'adopter après l'avoir toutefois soumis à l'instruction prévue au cahier des charges, et le faire parvenir à M. de Wedel.

Agréez, etc.

Signé Jurion.

PIÈCE N° 5.

Luxembourg, le 3 mars 1856.

Monsieur Jouve,

3 mars 1856.
**Demande du projet de la ligne
de Thionville.**

Permettez-moi de m'adresser à vous, en l'absence de M. Favier, que je ne désirerais pas du reste distraire en ce moment de ses graves négociations, pour vous parler de l'article 2 de notre convention.

Un plan et des profils complets embrassant *tous les détails des travaux d'exécution et de ceux nécessaires à l'exploitation*, doivent pour la ligne de Thionville être présentés au gouvernement **avant le 25** de ce mois. On me dit que si l'on ne travaille pas à force sur les lieux, il sera impossible de remplir cette condition. M. Favier m'a écrit que **pour le 15,** ces plans, dont M. de Wedel m'a encore hier soir demandé la communication, seraient livrés, veuillez me dire où vous en êtes avec ce travail.

Croyez bien, Monsieur Jouve, que ma démarche toute confidentielle ne m'est inspirée que par le besoin que j'éprouve de pouvoir justifier nos concessionnaires vis-à-vis des personnes qui m'entourent et qui portent le plus sincère intérêt à votre entreprise, et nullement par un sentiment de méfiance.

Vous comprendrez aussi combien il est désirable, à raison du public et de la chambre qui n'est qu'ajournée, que l'on voie travailler avec activité sur les lieux.

En attendant un mot de réponse, je vous prie d'agréer, etc.

Signé JURION.

PIÈCE N° 6.

Nancy, 4 mars 1856.

Monsieur JURION, *administrateur général de l'intérieur à Luxembourg.*

Nancy, 4 mars 1856.
Annonce de Plans et Projets.

J'ai l'honneur de répondre avec empressement à la lettre que vous avez bien voulu m'écrire hier et relative à l'article 2 de notre convention.

Un plan et des projets complets embrassant tous les détails des travaux d'exécution et ceux nécessaires à l'exploitation, vous seront portés à Luxembourg, **le 16 mars,** *par moi ou par une personne de notre confiance à M. Favier et moi.*

Vous aurez en même temps, et en double, le dessin nécessaire à l'indication de l'établissement de la double voie qui rendra obligatoire le passage, par Luxembourg, des trains arrivant de France et se rendant à Trèves, dessins à remettre à son excellence M. le gouverneur général de Wedel.

Soyez convaincu, M. l'administrateur général, **que toutes nos obligations seront loyalement et complétement remplies.**

Si les négociations de M. Favier n'aboutissaient pas aussi vite qu'il l'espère, nos dispositions sont prises pour faire nous-mêmes et **dans le temps prescrit par notre convention.**

Agréez, etc.

Signé JOUVE.

PIÈCE N° 7.

Nancy, 15 mars 1856.

Monsieur JURION, *administrateur général de l'intérieur à Luxembourg.*

Nancy, 15 mars 1856.

Envoi de pièces concernant la ligne de Thionville.

Conformément à l'article 3 de la convention du 9 novembre 1855, approuvée le 25 du même mois, et portant que, dans le délai de quatre mois pour la ligne de Thionville à dater de la ratification de la présente par la chambre et le souverain, les concessionnaires seront tenus de soumettre à l'approbation définitive du gouvernement un plan et des projets complets embrassant tous les détails des travaux d'exécution,

Nous avons l'honneur de vous adresser, pour ce qui regarde la ligne de Thionville, tous les éléments nécessaires à ce travail, dans les trois cartons ci-joints :

Dans le premier carton se trouve ce qui a rapport à la construction du chemin de fer proprement dit, et composé de **31 feuilles de dessins divers.** indiqués au bordereau du carton;

D'un devis descriptif des travaux;

Du calcul des terrassements;

De l'avant-métré des travaux et d'un rapport;

Deux plans d'ensemble **du réseau luxembourgeois :**

Un profil du chemin français (communication officieuse): en tout **38 pièces.**

Dans le deuxième carton on a réuni tout ce qui est nécessaire aux plans d'ensemble pour la construction **de la gare de Luxembourg.**

Le travail complet consiste dans **23 feuilles** de dessins divers, du calcul des terrasses,

Et de onze avant-métrés : en tout **35 pièces.**

Dans le troisième carton, la station de Bettembourg se trouve au complet pour la construction :

Dans neuf feuilles de dessins;

Du calcul des terrassements;

Et de cinq avant-métrés, en tout **15 pièces.**

Suivant le désir exprimé dans votre lettre du 22 février dernier, vous trouverez ci-joint, dans le premier carton, **un plan d'ensemble du réseau luxembourgeois** en double expédition; ce plan, pour être remis à son excellence M. le gouverneur général de Wedel.

La compagnie de l'Est nous ayant donné trop tard communication de la partie du raccordement de la ligne française avec le chemin luxembourgeois, le profil en long ci-annexé sera modifié et amélioré sur une longueur de 1,500 mètres, la pente de 0,015 est remplacée par celle de 0,0125 indispensable à la ligne française pour arriver au plateau de Bettembourg.

La question d'établissement d'un souterrain en remplacement de la grande tranchée sera étudiée, et sous peu nous aurons l'honneur de vous fixer sur ce point.

La station de la frontière devant se trouver sur le territoire luxembourgeois, et les machines de renfort nécessaires au chemin français devant stationner à la gare de la station, une double voie avec les arrangements devra être établie immédiatement sur cette longueur de 1,500 mètres.

Nous vous prions, M. l'administrateur général, de vouloir bien nous accuser réception des pièces que nous avons l'honneur de vous adresser.

Agréez, etc.

Signé JOUVE.

PIÈCE N° 8.

Luxembourg, 18 mars 1856.

Monsieur Jouve,

18 mars 1856.
Accusé de réception à M. Jouve du projet de la ligne de Luxembourg à la frontière française.

Au vœu de votre lettre du 15 de ce mois, j'ai l'honneur de vous accuser réception du projet de la ligne de chemin de fer de Luxembourg à la frontière de France vers Thionville, et de vous renvoyer les trois bordereaux des pièces revêtus de mon reçu.

Je soumettrai incessamment ce projet à un examen détaillé.

Veuillez, etc.

Signé JURION.

PIÈCE N° 9.

Nancy, le 1ᵉʳ avril 1856.

Monsieur JURION, *administrateur général de l'intérieur à Luxembourg.*

Nancy, 1ᵉʳ avril 1856.
Modification à faire à la ligne de Belgique.

Le travail du projet définitif du chemin de fer de Luxembourg vers Arlon va se commencer.

Vous le savez, **comme pour la France, il reste à déterminer la jonction du chemin de fer luxembourgeois avec le chemin de fer belge,** par ou près Steinfort.

Je viens vous prier de me dire si cette question internationale a été enta-

2

mée? Dans quel état elle se trouve et **à quelle époque nous pourrons avoir une solution** à cet égard.

Pour notre part, nous désirons le modifier et qu'au lieu de suivre le tracé indiqué dans les avant-projets que nous avons eu l'honneur de vous soumettre dans le temps, on puisse abandonner cette ligne en amont de Hagen en remontant le ruisseau qui passe à Bettingen, pour de là gagner la frontière belge en suivant sa direction.

Du reste c'est une question à étudier quand le gouvernement belge nous aura remis son projet définitif d'arrivée.

Je suis heureux de vous annoncer que M. Suttor, votre géomètre en chef, a bien voulu se charger des plans parcellaires de la ligne vers Thionville, et qu'il va s'en occuper immédiatement.

L'avant-projet de **la ligne entière du Nord est terminé.**

Agréez, etc.

Signé JOUVE.

PIÈCE N° 10.

Luxembourg, le 13 avril 1856.

Monsieur,

J'ai l'honneur de vous informer que je vais nommer une commission composée de trois ingénieurs luxembourgeois, d'un ingénieur français et d'un ingénieur prussien, à l'effet de vérifier le projet de chemin de fer de Luxembourg vers Thionville, conformément à l'article 3 du cahier des charges. J'aime à vous déclarer qu'en me déterminant à prendre une telle mesure, j'ai été guidé par le désir de faciliter l'exécution de votre entreprise, autant que par le besoin de couvrir ma responsabilité.

Avant de prendre l'arrêté de nomination, j'ai dû m'assurer du concours des ingénieurs étrangers que je voulais associer à ce travail de vérification.

Le gouvernement prussien a désigné M. Hoffmann, conseiller des travaux publics à Cologne, pour assister la Commission, M. Lejoindre, ingénieur des ponts et chaussées, à Metz, est autorisé d'un autre côté par S. Exc. le ministre des travaux publics à en faire partie.

Comme je voudrais convoquer la Commission dans quatre ou cinq jours, je désirerais que l'un de MM. les ingénieurs ou autres employés qui ont travaillé au tracé, se rendît à Luxembourg, pour vérifier si la ligne est encore marquée sur le terrain et pour la rendre parfaitement apparente. La personne que vous déléguerez pourra donner d'autres renseignements que la Commission sera dans le cas de réclamer.

J'ai reçu **votre lettre du 1ᵉʳ avril courant,** relative au point de jonction du chemin de fer luxembourgeois **avec le chemin de fer belge** dans les environs de Steinfort. Si j'ai tardé à répondre et si je ne peux encore y donner une solution, c'est que je tiens à aplanir auparavant des difficultés soulevées par le gouvernement belge au sujet des délais fixés pour l'achèvement de cette ligne. Au surplus l'affaire sera réglée assez à temps pour que vous ne soyez pas arrêté dans vos opérations.

Agréez, etc.

Signé JURION.

PIÈCE No 11.

Nancy, le 14 avril 1856.

Monsieur JURION, *administrateur général de l'intérieur à Luxembourg.*

Nancy, 14 avril 1856.

M. Royer est mis à la disposition du gouvernement luxembourgeois,

Suivant le désir que vous me manifestez dans la lettre que vous avez bien voulu me faire l'honneur de m'écrire hier,

Je donne à M. Royer, auteur du tracé définitif de la ligne de Thionville, l'invitation de se mettre à votre disposition.

Il sera à Luxembourg jeudi prochain 17, il y restera tout le temps que vous jugerez nécessaire.

Il aura mission de vérifier ou faire vérifier la ligne,

De la rendre parfaitement apparente et de vous donner tous les renseignements explicatifs du tracé qui pourront lui être demandés, soit par vous, Monsieur l'Administrateur général, soit par les ingénieurs de la Commission à laquelle vous avez bien voulu soumettre le tracé de la ligne de Thionville.

Agréez, etc.

Signé JOUVE.

PIÈCE No 12.

Luxembourg, 30 avril 1856.

Monsieur,

30 avril 1856,

Travail de la Commission.

La Commission mixte pour la vérification des plans de la ligne de Thionville vient de terminer ses travaux. Elle a accompli sa mission avec un zèle et une sollicitude pour les intérêts divers engagés dans l'entreprise dont je ne saurais assez rendre témoignage. L'intervention des hommes distingués qui en font partie, servira, j'en suis persuadé, à amener la solution favorable des questions internationales que soulève l'établissement de nos chemins de fer.

Je pense pouvoir bientôt vous communiquer officiellement l'approbation de la partie de Hespérange jusqu'à la frontière.

Le tracé de Hespérange à la hauteur du plateau de Luxembourg a rencontré des objections en ce qu'il oblige à un détour et fixe la bifurcation avec Trèves dans un remblai, et en même temps dans une courbe, inconvénients qui semblent d'après la Commission pouvoir être évités par une ligne plus directe. Cette ligne forcerait, il est vrai, à une tranchée ou à un tunnel pour entrer dans la vallée de l'Alzette, mais les dépenses de ce travail d'art paraissent pouvoir être compensées, au moins en grande partie, par une économie de parcours et par plusieurs remblais et déblais à faire en moins. C'est au surplus une question à apprécier définitivement à la vue d'un projet nouveau pour ce parcours.

L'établissement de la station de Luxembourg a rencontré des objections de la part de l'autorité fédérale de la place, principalement à raison du fort remblai proposé sur la Pétrusse. Le gouvernement militaire semble désirer que la gare soit placée devant le fort Bourbon, plus près de la place. La diète et la ville feraient les frais d'une porte nouvelle à ouvrir, et d'un pont, ce qui mettrait la population luxembourgeoise en communication directe, facile et très-rapprochée avec la station. C'est encore un point à examiner de plus près.

Du reste, la Commission a reconnu le mérite du travail de M. Royer, par une attestation très-honorable que je joins en copie.

Signé JURION.

<hr>

PIÈCE N° 13.

Luxembourg, 30 avril 1856.

30 avril 1856.

Attestation du mérite du travail de M. Royer.

Les soussignés, membres de la Commission chargée d'examiner les projets du chemin de fer de Luxembourg vers Thionville, remercient M. Royer du concours qu'il leur a prêté; ils saisissent cette occasion pour le féliciter sur **les soins** qu'il a donnés à son travail, sur la connaissance approfondie qu'il a prise du terrain, **et sur tous les détails de l'étude de son projet.**

<hr>

PIÈCE N° 14.

Nancy, 4 mai 1856.

Nancy, 4 mai 1856.

Observations de la Commission formée par le Gouvernement.

Monsieur JURION, *administrateur général de l'intérieur à Luxembourg.*

J'ai l'honneur de vous accuser réception de votre lettre, en date du

30 avril, dans laquelle vous me faites part des objections faites à notre tracé de Thionville et du désir que vous exprimez de voir faire de nouvelles études par Grevenmacher.

Je vous avoue que je suis moins satisfait que vous des conclusions exposées par la Commission que vous avez bien voulu former. Il me semble que la Commission ne s'est pas assez pénétrée de notre cahier des charges dans lequel nous avons cru nous être renfermés scrupuleusement, et qu'en second lieu on a jugé plus en théorie qu'en pratique l'établissement d'un chemin de fer.

Je vais faire part à M. Favier de votre désir sur les études de Grevenmacher ; aussitôt sa réponse je m'empresserai d'écrire à M. Frensdorff.

Sur le reçu de votre dépêche télégraphique, j'ai vu M. Royer ; il partira demain lundi, à dix heures ; il sera à Luxembourg le soir même ; il y restera à votre disposition.

Agréez, etc.

Signé JOUVE.

PIÈCE N° 15.

Luxembourg, le 7 mai 1856.

Messieurs Favier et Jouve,

J'ai l'honneur de vous adresser :

1° Expédition d'un arrêté royal grand-ducal, en date du 5 mai courant, décrétant la direction générale de la ligne de Luxembourg à la frontière française, ainsi que l'utilité publique de cette communication ;

2° Un arrêté approuvant les plans soumis par vous pour le parcours à partir du point d'intersection du chemin qui relie Roeser à Luxembourg par Kockelschener jusqu'à la frontière française.

Cette approbation modifie votre projet par un déplacement de la station de Bettembourg, à 20 mètres environ de l'endroit que vous avez proposé ; ce changement est indispensable, parce que d'après le plan, la station aurait été placée dans un déblai et n'aurait pu avoir le développement ni les facilités exigées par l'importance qui est réservée à cette gare. M. Royer ignorait ces circonstances ; il ne savait pas qu'à ce point se relierait inévitablement une voie ferrée dans la direction d'Esch et d'Ottange, et il est convenu de la nécessité de la modification qui du reste n'entraînera pas de dépenses en plus, sinon le prix d'acquisition des terrains indispensables à l'étendue de la station.

L'approbation contient une réserve au sujet de la soudure de notre ligne avec la ligne française ; les exigences de ce raccordement dépendront des conventions à arrêter avec l'administration française. Du reste l'avant-projet de la Société de l'Est, que j'ai eu sous les yeux, indique déjà la rampe admise au point de raccordement sur le territoire français; elle est de 12 millimètres 50.

L'article 6 de l'arrêté ministériel parle de travaux éventuellement nécessaires pour satisfaire aux légitimes réclamations des communes et des riverains, relativement aux travaux d'art destinés à l'écoulement des eaux et au rétablissement des communications vicinales et rurales; il pourra être apporté des modifications au projet au moment où le bien-fondé de ces réclamations sera appréciable. L'intérêt même de la concession exige cette réserve, conforme du reste à la disposition de l'article 32 du cahier des charges.

Le parcours depuis les abords de la forteresse jusqu'à l'intersection du chemin qui conduit de Roeser à Luxembourg, entre le 7e et le 8e kilomètre du tracé, n'a pas été approuvé.

Le choix de l'emplacement de la station de Luxembourg a donné lieu à deux objections produites par l'autorité militaire de la forteresse; elle paraît ne vouloir admettre le remblai massif proposé pour le passage de la Pétrusse, et trouve la station trop loin du canon de la forteresse.

Deux autres emplacements ont en conséquence été examinés : l'un qui se trouverait devant le fort Bourbon, l'autre du même côté que celui indiqué sur le plan, mais à 250 mètres plus près de la place.

Le premier **semble convenir au gouvernement militaire; il favoriserait également les intérêts de la ville,** avec laquelle la station serait reliée au moyen d'une porte nouvelle à travers le fort Bourbon, et d'un viaduc à établir sur la vallée en prolongement d'une des rues principales de la ville, la rue Saint-Philippe. De cette manière, la station ne serait éloignée du centre de la ville qu'à 800 mètres, et la circulation vers la station en serait singulièrement favorisée.

Le deuxième emplacement se rapprocherait du fort Reinsheim de 250 mètres; mais pour remplir son but d'utilité, tant pour la ville que pour l'entreprise du chemin de fer, il faudrait qu'une nouvelle porte fût percée en prolongement de la rue du Génie.

La station indiquée sur le plan est éloignée de 2,500 mètres de la grande rue de Luxembourg; le premier projet réduirait cette distance à 800 mètres, le deuxième à 1,000 mètres; on ne peut donc méconnaître l'avantage essentiel de l'adoption de l'un ou de l'autre sur le projet qui a été soumis au gouvernement, même au point de vue de la circulation du chemin de fer. Ainsi, pour ne citer qu'une circonstance, la population de Luxembourg se servirait fréquemment de la voie pour ses excursions dans la belle vallée du Roeser. Il est du reste bien entendu que les frais de l'établissement de la nouvelle porte, du pont et d'une communication jusqu'à la gare, resteraient étrangers aux concessionnaires. Si l'une ou l'autre porte n'était pas construite, on en reviendrait sans doute au projet actuel; pour décider cette question importante, il faut avoir un plan nouveau sur une étendue de 2 kilomètres environ, plan indispensable en tous cas pour la décision à provoquer de la part de la Diète.

La partie comprise entre Bonnevoie et le point d'intersection du chemin de Roeser à Luxembourg n'a pas pu être approuvée.

En effet, la direction du projet semble s'écarter sans raison suffisante de la ligne naturelle et soumet la communication à un détour, à une pente et à des difficultés graves au point de la bifurcation avec le prolongement vers Trèves, inconvénients qui peuvent être évités par une direction plus droite qui a été proposée unanimement par la commission mixte de vérification des plans.

Cette direction suivrait la première partie du vallon de Drosbach et couperait le contre-fort étroit, mais élevé, qui sépare ce vallon de celui de Kockelschener. Un profil qui a été levé dans cette direction a montré que la modification est possible, en ce sens que la hauteur du point culminant du contre-fort est à 42 mètres au-dessus du point le plus bas du vallon qui y fait suite, et une étude de ce profil rattaché au profil longitudinal du projet, a donné la certitude que l'on peut adopter l'une des combinaisons suivantes :

1· Une pente maxima de 4 millimètres par mètre, un souterrain de 500 mètres dans le grès, un remblai de 6 mètres à la suite;

2º Une pente maxima de 5 millimètres par mètre, une tranchée de 28 mètres de hauteur dans le grès, un remblai de 11 mètres à la suite.

Le souterrain ou la tranchée donnerait lieu à une forte dépense, mais qui serait amoindrie par la diminution de 700 mètres de longueur des travaux et par la suppression des grands terrassements du vallon de Kockelschener, et en définitive l'appréciation sommaire de l'excédant des dépenses qui a été faite conduit, dans l'opinion exprimée par la commission, à un chiffre assez faible.

Vous auriez donc, Messieurs, à donner des ordres pour qu'une étude complète fût faite dans cette direction, étude qu'un profil longitudinal levé déjà par M. le conducteur Royer permettrait de compléter dans très-peu de temps.

D'après ce qui précède, vous êtes en situation de mettre immédiatement la main à l'œuvre sur un parcours de 10 kilomètres, le surplus de la ligne pouvant être approuvé dès que les plans en seront soumis.

Veuillez agréer, etc.

Signé JURION.

PIÈCE N° 16.

Nancy, 9 mai 1856.

Monsieur JURION, *administrateur général de l'intérieur, à Luxembourg.*

Nancy, 9 mai 1856.

Je ne puis mieux répondre à la lettre que vous avez bien voulu charger

M. Wirtz, ingénieur en chef, de me remettre, qu'en vous annonçant que je donne aujourd'hui même à M. Royer l'invitation de faire immédiatement l'étude de la partie de nos projets qui ont été l'objet des réserves faites par la commission consultative.

Je vous remercie bien sincèrement des explications que vous avez bien voulu me faire donner par M. Wirtz, et de la communication officieuse du rapport de la commission.

Je reconnais, et, vous n'en avez jamais douté, M. Favier et moi rendons justice à tout l'aide que les concessionnaires ont trouvé près de vous et de toutes les personnes qui touchent à l'administration grand-ducale.

Mais nos positions étant différentes, nous avons pu trouver l'application du cahier des charges suffisante, tout en admettant comme vous, monsieur le Ministre, que la limite indiquée doit être évitée lorsque les dépenses dépasseront les prévisions raisonnables que nous avons dû nous former, **tout en ayant formellement l'intention de nous servir des facilités que nous y trouvions.**

Je n'ai donc pu dire à M. l'ingénieur en chef Wirtz, comme il le désirait, que j'approuvais entièrement ce que la commission demandait, et que les explications qu'il me donnait me paraissaient suffisantes; mais je lui ai dit que le travail allait être fait, la question étudiée de nouveau, et qu'aussitôt le tout réduit à un chiffre, la solution serait tranchée immédiatement.

Pour moi, quant à présent et avec l'expérience de l'exploitation de nos chemins de fer, il me paraît démontré qu'en pratique il faut toujours chercher à éviter les souterrains, qui sont toujours un danger pour les croisements de trains et la main-d'œuvre d'exploitation perpétuellement dans l'ombre;

A supprimer les grandes tranchées qui dans les temps de neige sont le réceptacle d'amas considérables nécessitant un danger permanent pour la circulation et très-coûteuses à l'exploitation, c'est ce qui arrive tous les ans et sous nos yeux sur le chemin de fer de l'Est.

Qu'une augmentation de rayon sur les limites que nous avons proposées et une diminution de pente de 0^m,007 à 0^m,005 ne paraissaient pas de nature pour l'exploitation avec les machines dont on se sert maintenant, à motiver une augmentation considérable de dépenses, même avec l'allongement de parcours de 700 mètres, le cas échéant.

Quant à la question si importante de la gare, le deuxième projet proposé par la commission et remontant à la station de 250 mètres vers Luxembourg et suivant le tracé indiqué à l'encre rouge, qui a été mis sous mes yeux par M. l'ingénieur Wirtz, serait de nature à nous permettre de l'accepter sans de grandes réclamations, si l'autorité militaire fédérale persistait à rejeter **le projet proposé par les concessionnaires**, projet qu'ils trouvent en tout plus convenable aux intérêts de l'entreprise pour le développement déterminé par la jonction des quatre chemins de fer qui viendront se croiser à Luxembourg.

Je me permettrai de rappeler à votre souvenir, Monsieur l'administrateur général, ma **lettre du 1er avril 1856, demandant si la question de jonction avec la frontière belge a été traitée** et si des projets vous ont été présentés.

Vous savez qu'arrêtés pour notre projet définitif à la limite luxembourgeoise du côté de Steinfort, et depuis l'avis et les réserves de la commission, jusqu'à étude ultérieure pour la tête de cette ligne, nous ne pouvons vous présenter aucun travail complet, ne connaissant **pas encore le point de départ et surtout le point d'arrivée.**

Si vous ne voyez pas d'inconvénient à me laisser communication du rapport de la commission consultative, je m'empresserai d'en faire prendre copie; ce document me servira pour la réponse que j'aurai l'honneur de vous adresser, en vous envoyant les pièces du projet qui va se faire.

Agréez, etc.

Signé JOUVE.

PIÈCE N° 17.

Luxembourg, le 12 mai 1856.

Monsieur Jouve,

J'ai reçu votre honorée lettre du 9 courant, dont le contenu m'a été confirmé directement par votre associé M. Favier, et je ne puis **que vous exprimer ma satisfaction** au sujet de la résolution que vous avez prise de faire faire, par M. Royer, **immédiatement** les études nécessaires à la solution des deux difficultés concernant l'emplacement de la gare de Luxembourg et de la descente dans le vallon de l'Alzette.

Je m'occupe de mon côté, en attendant et sauf à ne prendre de décision qu'au vu du travail auquel va se livrer M. Royer, à instruire les difficultés **administratives et stratégiques** que soulève l'établissement de la gare de Luxembourg.

Pour répondre au vœu **que vous exprimez de pouvoir fixer le point de jonction du côté de la Belgique,** j'aurais voulu aujourd'hui même me rendre sur les lieux avec M. Royer; mais il n'a plus été rencontré à son domicile. Dès son retour, cette affaire pourra être terminée.

Conformément à vos désirs, j'ai l'honneur de vous donner copie des considérations de la commission en ce qui concerne la modification du tracé entre le K II et le K VI, et la gare de Luxembourg.

Je termine en vous exprimant le désir de voir arriver au plus tôt M. Royer, ainsi que de voir achever le plan terrier nécessaire pour l'acquisition et l'expropriation des terrains.

Agréez, etc.

Signé JURION.

3

PIÈCE N° 18.

Mersch, 29 juillet 1856.

Monsieur l'ingénieur (du gouvernement),

Je vous prie de visiter, dans la journée de demain, les travaux du chemin de fer de Luxembourg à la frontière de France, et de me faire rapport tant sur l'état actuel de ces travaux que sur les mesures prises pour leur continuation.

J'ai pleine confiance **dans la loyauté, l'intelligence et le zèle de nos concessionnaires et de leurs agents, et je leur dois la justice qu'ils ont toujours été à la hauteur et même en avance de leurs engagements.** L'inspection à laquelle je vous prie de procéder n'est donc pas une mesure de méfiance, mais je tiens à pouvoir me prévaloir, *vis-à-vis des tiers*, d'un document émané d'un fonctionnaire du *Gouvernement*.

Je vous autorise à donner, le cas échéant, connaissance de la présente, tant aux concessionnaires qu'à leurs ingénieurs, et je suis convaincu que ces messieurs non-seulement apprécieront le but de la mesure, mais aussi s'empresseront de mettre à votre disposition tous les renseignements nécessaires pour en faciliter la réalisation.

L'administrateur général des travaux publics,
Signé **DE SCHERFF.**

PIÈCE N° 19.

Paris, 30 juillet 1856.

Monsieur de SCHERFF, *administrateur général des travaux publics,*
à Luxembourg.

Monsieur,

J'ai la satisfaction de vous annoncer que, sans attendre **le 1er septembre** prochain, nous avons, dans le courant de ce mois déjà, commencé les travaux de la ligne de Luxembourg vers Thionville.

Je viens vous prier de vous en assurer et de vouloir bien nous en donner acte, conformément à la convention que M. Jouve et moi avons faite avec le gouvernement grand-ducal, le 11 novembre 1855.

J'ai l'honneur de vous exprimer **de nouveau nos regrets** de ne point connaître encore d'une manière précise le point où nous devons aboutir **à la frontière française** pour relier nos lignes à celles de la Compagnie de l'Est.

Je vous prie d'avoir l'obligeance de **nous l'indiquer le plus tôt**

possible, afin de ne pas entraver davantage l'exécution de nos travaux, et de m'accuser réception de la présente.

Agréez, etc.

Signé A. FAVIER.

PIÈCE No 20.

Luxembourg, le 5 septembre 1856.

Monsieur l'Ingénieur en chef,

En réponse à votre apostille du 3 de ce mois, n° 2504/56, par laquelle vous me demandez un rapport détaillé sur l'état actuel des acquisitions de terrains et des travaux effectués pour l'établissement du chemin de fer concédé de Luxembourg à la frontière de France, vers Thionville, j'ai l'honneur de vous informer que, par actes authentiques reçus par les notaires Grass et Brasseur, les concessionnaires ont acquis pour une somme de 55,000 fr., les terrains à incorporer dans la section qui s'étend du village de Livange au territoire de la commune de Dudelange, sur une longueur de plus de 4 kilomètres; les acquisitions ne sont encore faites ni en deçà ni au delà de cette section intermédiaire, parce que, d'un côté, les questions relatives au passage par le Drosbach, et **à l'emplacement de la gare du Luxembourg, dont dépend la direction presque entière** du chemin entre Livange et cette forteresse, ne sont pas encore décidées, et que, d'un autre côté, la direction entre Dudelange et le territoire français est également affectée pour le point de passage à la frontière, qui n'est pas non plus définitivement arrêté.

Ces mêmes raisons ont aussi empêché, jusqu'à présent, les concessionnaires de travailler ailleurs qu'entre Livange et le territoire de Dudelange; mais sur cette section, dont l'établissement nécessite des travaux de terrassements fort importants, les ouvrages sont en pleine voie d'exécution. Les concessionnaires y ont ouvert les quatre tranchées à faire, et ont transporté en remblai approximativement 13,000^{mc} de terre, y compris celles provenant des fouilles effectuées pour la fondation du pont à trois arches à établir sur l'Alzette; les pierres nécessaires à cet ouvrage d'art sont en partie à pied d'œuvre, et les approvisionnements continuent; j'ai trouvé sur les lieux 140 ouvriers et 90 tombereaux occupés à pousser ces travaux, dont la concentration sur quatre points ne permet guère l'emploi de plus de bras et de plus de moyens de transport; en un mot, les travaux de la section de Livange au territoire de Dudelange avancent rapidement, les **concession-**

naires ont fait jusqu'à présent tout ce qu'ils ont pu pour remplir leurs engagements.

L'Ingénieur des travaux publics,

Signé MERSCH.

Soit transmis le présent rapport, au contenu duquel je me réfère, à M. l'administrateur général des travaux publics, en réponse à sa dépêche du 2 septembre courant.

Je me suis assuré, par l'inspection des lieux, que les travaux dont il est question sont en pleine voie d'exécution, et portés au degré d'avancement indiqué dans le rapport précité.

A mon avis aussi les concessionnaires ont jusqu'à présent rempli consciencieusement leurs obligations, et si les travaux n'ont pas encore été entamés, près de la ligne de Luxembourg et vers la frontière de Dudelange, la raison en est la non-fixation du tracé aux deux points extrêmes, **circonstance indépendante de la volonté des concessionnaires.** Il conviendrait que le gouvernement Grand-Ducal se concertât avec celui de France, pour fixer définitivement le point de jonction à la frontière près de Dudelange, parce qu'alors rien n'empêcherait les concessionnaires de continuer, comme ils le désirent, leurs travaux dans cette direction. Dans les premiers jours, la commission mixte se réunira de nouveau pour clôturer son rapport concernant **la fixation de l'emplacement de la station de Luxembourg;** aussitôt que cette **question sera réglée, les travaux pourront commencer et être continués sur toute la ligne.**

Luxembourg, le 6 septembre 1856.

L'Ingénieur en chef,

Signé WIRTZ.

PIÈCE N° 21.

Extrait d'une lettre du 13 septembre 1856, de M. de Scherff à MM. Favier et Jouve

13 septembre 1856.

Je regrette avec vous que le point de jonction à la frontière de France ne soit pas déterminé encore **et que par là vous vous trouviez dans l'impossibilité de commencer les travaux du côté de la frontière.**

Depuis longtemps des propositions à ces fins ont été faites au gouvernement impérial, mais ce gouvernement ne nous a pas fait encore connaître ses intentions.

PIÈCE N° 22.

Luxembourg, 20 septembre 1856.

M. DE SCHERFF, *administrateur général des travaux publics, à Luxembourg.*

MONSIEUR,

J'ai l'honneur de vous remettre avec la présente, tant en mon nom qu'en celui de M. Jouve, **le projet du tracé par le Drosbach,** que nous avons fait étudier conformément au désir exprimé par la commission en avril dernier, mais auquel nous ne croyons pas devoir donner la préférence en raison de son exécution trop coûteuse.

Permettez-nous, Monsieur l'Administrateur général, de vous prévenir **que par suite du retard que votre gouvernement a mis et met encore à nous fixer soit au sujet des points de jonction des frontières Belge, Française et Prussienne,** soit au sujet de l'**emplacement de la gare,** soit enfin relativement **au tracé de la ligne vers Trèves,** il ne nous est plus possible, **quant à la question du délai,** de tenir les engagements que nous avons pris pour la *présentation des projets définitifs des lignes concédées et pour l'exécution de la ligne vers Trèves.*

J'ai l'honneur de vous confirmer les lettres que nous avons adressées à ce sujet à votre honorable prédécesseur, M. Jurion, les **3 décembre 1855 9 mai 1856.**

Veuillez bien, M. l'Administrateur général, nous accuser réception de la présente et agréer, etc.

Signé FAVIER.

PIÈCE N° 23.

Luxembourg, 20 septembre 1856.

M. DE SCHERFF, *administrateur général des travaux publics à Luxembourg.*

Luxembourg, 20 septembre 1856.
Remise de l'avant-projet de la ligne du Nord.

J'ai l'honneur de vous remetttre avec la présente l'avant-projet complet de la ligne du Nord du grand-duché de Luxembourg, que je me suis engagé à vous soumettre, suivant la convention que j'ai passée le 9 novembre 1855 avec votre gouvernement.

Veuillez, je vous prie, Monsieur l'administrateur général, m'en accuser réception et agréer, etc.

Signé FAVIER.

PIÈCE Nº 24.

Conférence du dimanche 21 *septembre* 1856.

21 septembre 1856.

Conférenc

Présents :

MM. le lieutenant-général de Reitzenstein ;
le général de Smerling ;
le général de Panhuys ;
le major Ruland ;
le capitaine d'Ernst ;
le capitaine d'Orelli ;
Simons, président du gouvernement ;
de Scherff, administrateur général des travaux publics ;
Wirtz, ingénieur en chef ;
Maus, de Bruxelles.

La conférence a pour objet d'examiner les différents emplacements indiqués pour la gare de Luxembourg et de se fixer : 1º sur les objections que l'un ou l'autre de ces emplacements peut rencontrer, du point de vue militaire, tant par lui-même que par la direction des quatre lignes devant y aboutir ; 2º sur les conditions auxquelles ces emplacements peuvent être autorisés.

1º Rheinsheim ou Hollerich.

A. DIRECTION DES LIGNES.

Lignes de Trèves et de Thionville.

La bifurcation de ces deux lignes à Hespérange est complétement inadmissible.

La proposition de conserver le tracé de Hespérange pour la ligne de Trèves, de supprimer le bout de Hespérange à Livange, et d'aller en France par Hollerich, Kokelschener, Livange, Bettembourg, n'est pas non plus admissible.

La proposition d'embrancher la ligne de Trèves dans la ligne du Nord (du côté de Lorentzweiller) n'est pas non plus admissible.

Ainsi, la forteresse exige pour la ligne de Trèves un tracé direct et indépendant. Elle exige, de plus, que le passage de l'Alzette ait lieu sous le canon de la place. — Ainsi près de Heyperg (tracé de Hanim).

Lignes d'Arlon et du Nord.

La forteresse ne s'oppose pas à ce que la ligne du Nord s'embranche dans celle d'Arlon du côté de Strassen, pour delà se diriger vers Eich.

B. GARE.

L'emplacement proposé exige l'établissement de trois forts au moins. Dépense de 1,800,000 à 2,000,000 de francs, en outre des fortifications exigées par le passage de la Pétrusse (100,000 francs) et celui de l'Alzette (100,000 francs).

Si la gare était établie **à Bourbon** ou à Heyperg, on promettrait l'établissement en face de Rheinsheim d'une halle pour les voyageurs (une simple baraque).

C. COMMUNICATION AVEC LA VILLE.

Elle pourrait s'établir dans le prolongement de la rue du Génie.
Un passage complet et commode coûterait 300,000 fr.;
Un passage pour piétons seulement coûterait la moitié.

2° Bourbon.

A. DIRECTION DES LIGNES.

Mêmes réponses que pour Rheinsheim.
La forteresse préférerait que le passage de la Pétrusse (ligne **d'Arlon et du Nord**) eût lieu *en arrière* du fort Rheinsheim.

B. GARE.

L'emplacement exige l'établissement d'un fort. Dépense, 500,000 francs. Cette dépense serait probablement moindre, si le passage de la Pétrusse pouvait avoir lieu *en arrière* de Rheinsheim.

De plus, la fortification des passages de la Pétrusse et de l'Alzette (200,000 francs).

C. COMMUNICATION AVEC LA VILLE.

Elle peut être établie :

Soit de la manière indiquée pour Rheinsheim, ce qui nécessiterait le doublement du pont de la Pétrusse (pont mixte);

Soit par l'établissement d'un second pont sur la Pétrusse, dans la direction de la rue de Chimay.

D. AGRANDISSEMENT DE LA VILLE.

Pour que des constructions pussent être permises sur le placement de Bourbon, il faudrait démolir les fortifications de Bourbon, les porter en avant du nouveau faubourg et fortifier les hauteurs de Gasperich, etc.

3° Saint-Esprit.

A. LIGNES. (*Voir Bourbon.*)

B. GARE.

Tout ce que le projet enlève à la forteresse en bâtiments militaires et en emplacements doit lui être restitué dans la ville même.

L'exigence paraît un peu moins formelle à l'égard de la place à exercices.

Indépendamment des fortifications concernant le passage de l'Alzette et de la Pétrusse (dépense de 200,000 francs en tout), le pont donnant sur le Saint-Esprit doit être fortifié (dépense de 3,000 francs).

4° Heyperg.

A. LIGNES. (*Voir Bourbon.*)

B. GARE.

La fortification exige une dépense de 300,000 francs, plus les 200,000 francs pour les ports de l'Alzette et de la Pétrusse.

C. COMMUNICATION AVEC LA VILLE.

Soit par l'établissement d'une halle à Rheinsheim (voir I C in *fine*) et d'un nouveau passage par Rheinsheim (voir I C).

Soit par l'établissement d'un pont entrant au Saint-Esprit (fortification coûtant 300,000 francs, remplacement des bâtiments militaires occupés par la rue).

Soit par une nouvelle route entrant dans le Grund par la porte de Bissen.

5° Clausen.

A. LIGNES.

D'après le plan proposé, la ligne de Trèves se dirigerait par le fond du Neudorf. — Celle du Nord, par Plaffenthal. — Celle de Belgique passerait en tunnel sous le pont du château, puis sous le Saint-Esprit, et sortirait par le fond de la Pétrusse. — Celle de France passerait par le Grund et gagnerait l'Alzette supérieur par un tunnel à établir à Heyperg.

Lignes de Belgique, du Nord et de Trèves, pas d'objections.

Ligne de France. Le tunnel sous Heyperg présente les plus grands inconvénients et paraît presque·inadmissible. Mais il n'y aurait pas d'objection à ce que la ligne de France profitât de la sortie proposée pour la ligne belge, sous condition que les deux lignes se bifurquent sous la place et s'élèvent ensuite sur les deux rives de la Pétrusse.

Pour la ligne de France, un tunnel sous le plateau en avant de Bourbon paraît·présenter de grands inconvénients. On ne le tolérerait que hors de la portée du canon.

Quant à une tranchée, elle n'est pas non plus admissible. Il faut *raser* le terrain de manière que la ligne et le terrain au delà de la ligne soient complétement en vue.

Dans le systéme de Clausen (lignes de France et de Belgique sortant par la Pétrusse), **on ne fait aucune objection contre le projet d'embrancher la ligne de Trèves dans celle du Nord à Lintgen ou Lorentzweiler.**

B. GARE.

La gare de Clausen exige la fortification du ravin du cimetière des Juifs, un complément de fortification pour la vallée de Mondorff et des travaux à la sortie de Plaffenthal. — En tout 100,000 fr.

Elle exige de plus certaines fortifications dans la Pétrusse. — Encore 100,000 fr. — Total : 200,000 fr.

Observation générale.

Il n'est pas à prévoir que la Confédération contribue en quoi que ce soit aux dépenses de fortifications exigées par les différents projets.

Dans les sommes indiquées pour travaux de fortification, la valeur du terrain n'est pas comprise, ces terrains sont à fournir en sus.

La Confédération ne contribuerait probablement pas davantage aux frais de la construction du pont sur la Pétrusse (projet Bourbon), et ne consentirait pas à l'établissement d'un péage (Levinkxugund) pour la garnison.

PIÈCE No 25.

Luxembourg, 24 septembre 1856.

Messieurs Favier et Jouve,

24 septembre 1856.

Nomination des commissaires pour la fixation du point de jonction des lignes de Trèves Luxembourg-Wasserbillig.

Le gouvernement royal grand-ducal vient de tomber d'accord avec celui de la Prusse de procéder à la fixation du point de jonction des lignes de Trèves et Luxembourg-Wasserbillig.

Le gouvernement prussien a désigné comme commissaire M. le conseiller Hoffmann de Sarrebrucken. De mon côté, j'ai désigné M. l'ingénieur en chef

4

Wirtz et M. l'ingénieur d'arrondissement Mersch pour représenter les intérêts du grand-duché.

J'ai l'honneur de vous inviter, Messieurs, à intervenir également dans cette négociation, et, à ces fins, je vous prie de bien vouloir m'indiquer celui d'entre vous ou bien le délégué que vous entendez charger de la défense de vos intérêts.

L'administrateur général des travaux publics,

Signé DE SCHERFF.

PIÈCE N° 26.

Nancy, 27 septembre 1856.

Monsieur DE SCHERFF, *administrateur général des travaux publics, à Luxembourg.*

Nancy, 27 septembre 1856.
MM. Frensdorff et Royer sont mis à la disposition du gouvernement.
Exigences de la commission militaire de Francfort.

Nous avons l'honneur de vous accuser réception de votre lettre officielle du 24 courant, et de celle particulière de même date adressée à M. Favier. La première nous invite à vous déléguer sans retard quelqu'un pour avoir à s'entendre sur le point de jonction à la frontière prussienne, près Trèves.

Ainsi que M. Jouve vous l'a dit à son dernier voyage, **il y a un mois, M. Frensdorff est à votre disposition pour cet objet, et M. Royer l'est également pour ce qui concerne les points de jonction à la frontière belge et à la frontière française.**

Répondant à la lettre particulière que vous avez adressée à M. Favier, permettez-nous, M. l'administrateur général, de ne point discuter les exigences de toutes sortes exprimées dans les notes arrêtées par la conférence que vous avez eue avec les généraux de Francfort, et auxquelles nous entendons rester complétement étrangers.

Nous vous avons présenté un projet dans les termes de notre cahier des charges et nous désirons ne point nous en écarter. Cependant nous sommes tout prêts à accepter telle combinaison qu'il vous conviendra en dehors de nos conventions, avec la réserve absolue que le surplus de dépenses qu'elle entraînera sera entièrement à la charge du gouvernement royal grand-ducal.

A ce sujet, nous prenons la liberté d'appeler de nouveau votre attention sur l'opinion émise par la commission mixte des ingénieurs sur la convenance de l'emplacement de la gare, lorsque nous avons soumis le projet définitif de la ligne vers la France en mars dernier.

L'idée d'un embranchement de Lintgen vers Trèves, que vous avez bien voulu goûter, ne peut arrêter notre attention que dans le cas où la ligne du Nord serait concédée aux conditions que M. Favier vous a proposées.

Nous avons l'honneur de vous confirmer nos deux lettres que M. A. Favier vous a adressées, le 20 courant, de Luxembourg, en vous priant de vouloir bien nous en accuser réception ainsi que de la présente.

Agréez, etc.

Signé FAVIER.

PIÈCE N° 27.

Luxembourg, le 2 octobre 1856.

Monsieur Favier,

Répondant à votre lettre du 20 septembre dernier, j'ai l'honneur de vous accuser réception de l'avant-projet de la ligne du chemin de fer du Nord.

Le premier carton, formant la section de Luxembourg à Diekirch, comprend le plan général.

Le profil en long par Bissen,
      id.   par Cruchten,
Des profils en travers par Bissen,
       id.   par Cruchten,
2 cahiers de l'acquisition des terrains,
2 id. du calcul des terrasses,
2 id. du mouvement des terres,
Un mémoire explicatif.
Le deuxième carton de Diekirch à la frontière contient :
Le plan général,
Le profil en long,
Les profils en travers,
Des profils du projet,
Un cahier de l'acquisition des terrains,
      id.   du calcul des terrasses,
      id.   du mouvement des terres,
Un mémoire explicatif.

Recevez, etc.

Signé de SCHERFF.

PIÈCE N° 28.

Luxembourg, le 2 octobre 1856.

Messieurs Favier et Jouve,

Au vœu de la lettre de M. Favier, en date du 20 septembre dernier, j'ai l'honneur de vous accuser réception du projet du chemin de fer de Luxembourg vers Thionville, modifié dans la descente du Drosbach à Hespérange.

Ce projet se compose des pièces suivantes :

Le plan général,
Le plan de détails,
Le profil en long,
Les profils en travers, 1re partie,
    id.   2e partie,
Les profils des routes et chemins modifiés aux plans relatifs au viaduc de la Pétrusse,
Le plan du ponceau de Drosbach,
    id.   d'un aqueduc dallot,
    id.   du souterrain de Hespérange,
Un mémoire explicatif.

Par la même lettre **du 20 septembre, vous me prévenez que, par suite du retard qu'éprouvent la fixation des points de jonction et la question de l'emplacement de la gare de Luxembourg, ainsi que celle concernant le tracé de la ligne de Trèves, il ne vous est plus possible de tenir, quant à la question de délai, les engagements que vous avez pris pour la présentation des projets définitifs des lignes concédées et pour l'exécution de la ligne vers Trèves.**

Il est évident que le retard en question qui, comme vous le savez, est indépendant de la volonté du gouvernement royal grand-ducal et que je regrette autant que vous, nous met dans l'impossibilité d'observer les délais fixés par l'art. 3 du cahier des charges pour la présentation des plans définitifs, et doit influer également sur l'exécution de l'engagement que vous avez contracté par votre lettre du 9 novembre 1855.

Je n'hésite donc pas à vous déclarer que sous ce double rapport il vous sera tenu compte du temps que ce retard vous fait perdre, ainsi qu'au gouvernement royal grand-ducal. Je n'en compte pas moins sur le zèle dont vous avez fait preuve jusqu'à ce jour, pour qu'après l'aplanissement des difficultés qui vous ont arrêtés jusqu'à ce jour, le temps perdu soit racheté autant que possible.

Signé de SCHERFF.

PIÈCE Nº 29.

Nancy, 3 octobre 1856.

Monsieur DE SCHERFF, *administrateur général des travaux publics,*
à Luxembourg.

Conformément à votre désir et pour vous aider dans la détermination des points de jonction aux **frontières belge et prussienne,**

J'ai l'honneur, au nom de M. Favier et au mien, de vous adresser un extrait de plans et de profils en long, tels que nous supposons les jonctions possibles et **proposées** par nous.

Aux profil et plan de la frontière belge est jointe une note indicative de la nécessité de se rattacher ainsi.

Nous vous serons bien reconnaissants de nous accuser réception de la présente.

Agréez, etc.

Signé JOUVE.

PIÈCE N° 30.

Luxembourg, le 4 octobre 1856.

Messieurs Favier et Jouve,

Le gouvernement français vient d'informer le gouvernement du Grand-Duché.

« Que M. le ministre de la guerre de France a définitivement approuvé le tracé dans la zone frontière de la section française du chemin de fer de Thionville à Luxembourg ;

» Que ce tracé, qui est le même que celui adopté par M. le ministre de l'agriculture, du commerce et des travaux publics de France, sur la proposition du gouvernement royal Grand-Ducal, part directement de Thionville et traverse la frontière au delà de Zoufftgen, dans la vallée où est situé ce village ;

» Que M. le ministre de l'agriculture, du commerce et des travaux publics a invité la Compagnie de l'Est à se mettre immédiatement en mesure de commencer les travaux qui lui incombent sur le territoire français ;

» Que, dans l'opinion de ce ministre, le point de ce passage de la frontière n'est d'ailleurs pas le seul objet qu'il y ait en ce moment à régler entre les deux gouvernements,

» Et que les questions concernant le service des douanes, le parcours des tracés de l'une et l'autre Compagnie dans les sections française et luxembourgeoise, l'usage et le remisage des matériels respectifs, les péages et redevances à payer à cet effet, semblent également devoir être résolus dans le moindre délai possible, par un arrangement international dont les clauses seraient préparées entre un ou plusieurs commissaires délégués à cet effet par les deux gouvernements. »

Vous le voyez, Messieurs, la question du *tracé* est définitivement résolue. Quant aux autres points, nous avons informé le gouvernement impérial :

1° Que le gouvernement du Grand-Duché est prêt à entrer immédiatement en négociation, et qu'il a désigné pour son commissaire le baron d'Aerssen, conseiller de légation de S. M. le Roi des Pays-Bas, à Paris, sauf à désigner ultérieurement encore un ou quelques autres commissaires, après que nous aurons reçu communication des propositions françaises, et que nous aurons pu les examiner.

2° Que le gouvernement royal Grand-Ducal désire être fixé le plus tôt possible sur le point exact du passage de la frontière, afin de pouvoir commencer encore **avant l'hiver** et ensuite **continuer pendant l'hiver** les travaux du **souterrain** à établir près la frontière de France.

A ces fins, nous avons communiqué au gouvernement français les pièces concernant le point de jonction, et que M. Jouve a bien voulu me transmettre.

J'espère que la question du point de jonction pourra aussi être vidée au plus tôt et en dehors de la négociation concernant les autres questions mentionnées plus haut.

A l'égard de ces dernières questions, je m'empresserai de vous communiquer les propositions du gouvernement français dès qu'elles me seront parvenues. En attendant vous voudrez sans doute y fixer votre attention, afin d'être en mesure d'apprécier la portée et l'opportunité des propositions qui nous seront faites, et afin de ne pas trop retarder les observations que vous serez dans le cas d'y faire.

Peut-être trouverez-vous encore convenable, Messieurs, de vous mettre en rapport direct avec la Compagnie de l'Est, au sujet du point de jonction et de la question d'exploitation. Un accord entre les deux Compagnies ne pourrait que faciliter celui qui doit intervenir entre les deux gouvernements.

Je suis persuadé que M. le baron d'Aerssen recevra avec plaisir les communications que vous seriez dans le cas de lui faire à Paris, et s'empressera de vous fournir de son côté les renseignements qui pourront intéresser.

Recevez, etc.

Signé DE SCHERFF.

PIÈCE n° 31.

Luxembourg, 10 octobre 1856.

Monsieur l'administrateur général des travaux publics, à Luxembourg.

Remise de l'avant-projet de la station de Clausen.

Me conformant aux instructions de M. Favier, j'ai l'honneur de **vous re**mettre ci-joint **l'avant-projet de la station de Clausen**, avec les modifications apportées **aux projets définitifs des quatre lignes** résultant de cet emplacement.

Le dossier enferme **vingt-trois pièces** conformes au bordereau y joint. Je vous serais reconnaissant, Monsieur l'administrateur général, si vous voulez bien m'accuser réception.

J'ai l'honneur d'être, etc.

Signé FRENSDORFF.

PIÈCE N° 32.

Nancy, 13 octobre 1856.

Monsieur de Scherff, administrateur général des travaux publics,
à Luxembourg.

Nancy, 13 octobre 1856.

Notification de l'approbation du Gouvernement français.

Mise en demeure de la Compagnie de l'Est, d'avoir à commencer ses travaux.

Nous avons reçu votre lettre du 4 octobre, par laquelle vous nous notifiez que le gouvernement français vient d'approuver le tracé compris dans la zone frontière de la section française du chemin de fer de Thionville à Luxembourg.

Que Monsieur le ministre de l'agriculture, du commerce et des travaux publics, a invité la Compagnie de l'Est à se mettre immédiatement en mesure de commencer les travaux qui lui incombent sur le territoire français; que, dans l'opinion de ce ministre, le point de passage de la frontière n'est d'ailleurs pas le seul objet qu'il y ait en ce moment à régler entre les deux gouvernements, et que les questions concernant le service des douanes, le parcours des tracés de l'une et l'autre Compagnies, dans les sections française et Luxembourgeoise, l'usage et le remisage des matériels respectifs, les péages et redevances à payer à cet effet par les deux gouvernements.

Suivant votre désir, nous vous avons remis les plans **qui doivent déterminer le tracé à suivre, et cotés, de manière à n'avoir aucune indécision**, si la Compagnie de l'Est suit les projets qu'elle a remis officieusement, et dont la détermination contradictoire sur le terrain nous semble indispensable.

Mais vous le savez, Monsieur l'administrateur général, la Compagnie de l'Est a mis si peu de bonnes grâces dans ses rapports avec nous, que nous hésitons à nous mettre en rapport avec elle ou avec ses agents, et que, mal-

gré notre désir de commencer les travaux , nous préférons que cette déli-
mitation officielle se fasse par l'organe du gouvernement R. G. D.

Nous sommes disposés, pour les achats de terrains et approvisionnements
de matériel et matériaux, à accélérer le jour où nous pourrons mettre la
pioche à la main, et à vous donner une nouvelle preuve de l'activité que nous
désirons imprimer à notre travail.

Aussitôt que, suivant votre lettre, nous serons à même de connaître les
propositions du gouvernement français, nous ferons en sorte de ne pas tarder à vous remettre les observations que nous serions dans le cas de présenter.

Avec nos remerciements, agréez, etc.

Signé JOUVE.

PIÈCE N° 33.

17 octobre 1856.

Extrait d'une lettre, 17 octobre 1856, *de M. de Scherff, adressée à M. Favier,*
banquier.

17 octobre 1856.

En ce qui concerne le tracé de la ligne de Luxembourg à Hespérange ,
j'ai l'honneur de vous informer que je suis disposé **à renoncer à la rectification de la Drosbach.**

A l'égard de la ligne de Trèves, je suis également disposé à chercher à
**vous accorder une compensation pour l'avantage que vous
perdez par le rejet probable du tracé de Hespérange.** Je n'exige
donc pas d'une manière absolue le tracé le plus direct (c'est-à-dire passage
de l'Alzette sous le canon de Neyperg), et je vous engage à étudier entre
autres le tracé que vous m'indiquez (Lintgen-Olingen), sans pouvoir toutefois encore prendre à ce sujet un engagement définitif.

Recevez, etc.

Signé DE SCHERFF.

PIÈCE N° 34.

2 novembre 1856.

Extrait de la lettre du 27 novembre 1856 de M. Favier, adressée
à M. de Scherff, à Luxembourg.

27 novembre 1857.

Il reste aussi entendu qu'à l'occasion du § 4 de l'art. 2, au sujet du **délai
d'exécution** stipulé par nos lettres privées, **il nous sera tenu compte**

du retard apporté par l'administration grand-ducale dans l'approbation définitive de nos plans, ainsi que vous avez déjà bien voulu le reconnaître équitable.

J'apprendrai avec plaisir votre prompte décision **relativement à l'emplacement de la gare, afin que nous puissions immédiatement donner à nos travaux tout le développement utile.**

Agréez, etc.

Signé FAVIER.

PIÈCE N° 35.

3 décembre 1856.

Extrait de la lettre du 3 décembre 1856 de M. de Scherff à MM. Favier et Jouve.

3 décembre 1856.

2° En ce qui concerne le § 4 de l'art. 2, je ne puis que vous confirmer ma lettre du 2 novembre 1856, portant « **que le retard qu'éprouvent la » fixation des points de jonction, la question concernant l'em- » placement de la gare de Luxembourg, et celle concernant le » tracé de la ligne de Trèves, doit influer sur l'exécution de » l'engagement que vous avez contracté par vos lettres du » 9 novembre 1855, et qu'il vous sera tenu compte du temps » que ce retard vous fait perdre, ainsi qu'au gouvernement,** » qui n'en compte pas moins sur votre zèle, pour qu'après l'aplanissement » des difficultés le temps perdu soit racheté autant que possible. »

PIÈCE N° 36.

Luxembourg, le 4 décembre 1856.

Messieurs Favier et Jouve,

4 décembre 1856.

Jonction des lignes luxembourgeoise et prussienne.

La Commission internationale instituée pour fixer le point de jonction des lignes luxembourgeoise et prussienne, à ou près Wasserbillig, s'est réunie le 27 novembre dernier, à l'intervention de M. l'ingénieur Frensdorff, votre délégué.

Avant de pouvoir émettre son avis définitif, cette Commission a jugé nécessaire d'avoir sous les yeux la continuation du projet prussien sur le territoire luxembourgeois, depuis le confluent de la Sûre avec la Moselle, jusqu'à Merseh. J'ai l'honneur de vous prier, Messieurs, de vouloir charger de ce travail M. l'ingénieur Frensdorff, auquel M. Wirtz transmettrait le projet prussien, à communiquer par le commissaire prussien.

5

Le commissaire prussien demande qu'en même temps que l'on fixera le point de jonction, il soit décidé également :

1° Qui sera chargé de faire le projet du pont à construire sur la Sûre pour relier les deux lignes?

2° Qui sera chargé de l'exécution des travaux de ce pont?

J'ai l'honneur de vous prier de bien vouloir le plus tôt possible me faire connaître vos vues et intentions à cet égard.

Reçevez, etc.

Signé DE SCHERFF.

PIÈCE N° 37.

Nancy, 25 décembre 1856.

Monsieur de Scherff, administrateur général des travaux publics, à Luxembourg.

Nancy, 25 décembre 1856.

Présentation des études nouvelles de la ligne du Nord et des lignes de Trèves par Lintgen et Lorentzweiller.

J'ai l'honneur de vous adresser , au nom de M. Favier et au mien, **les études nouvelles complétant le réseau des chemins de fer luxembourgeois, le point de départ supposé au fort Bourbon**.

Ces études comprennent :

1° La portion de la ligne du nord suivant la rive droite de l'Alzette vers Diekirch.

2° La ligne de Trèves par Lintgen.

3° La même ligne de Trèves par Lorentzweiller.

Le carton A, relatif à la ligne du Nord par la rive droite de l'Alzette renferme **dix pièces** :

1° Plan général.

2° Plan des abords de la ville.

3° Profil en long.

4° Profil en travers.

5° Acquisitions de terrains.

6° Calcul des terrasses.

7° Mouvement des terres.

8° Mémoire explicatif.

9° Profils en long des raccordements avec les lignes vers la France et vers la Belgique.

10° Profils en travers des mêmes raccordements.

Le carton B, relatif à la ligne de Trèves par Lintgen, en renferme **sept** :

1° Plan général.

2° Profil en long.

3° Profils en travers.

4° Acquisitions de terrains.

5° Calcul des terrasses.

6° Mouvement des terres.

7° Mémoire explicatif.

Le carton C, variante de la ligne de Trèves par Lorentzweiller, en renferme également **sept** :

1° Plan général.

2° Profil en long.

3° Profils en travers.

4° Acquisitions de terrains.

5° Calcul des terrasses.

6° Mouvement des terres.

7° Mémoire explicatif.

Je me permettrai, en vous remettant ce nouveau travail qui, a demandé un temps beaucoup trop long pour notre organisation, **de vouloir bien accélérer, en ce qui vous concerne, une solution qui puisse nous laisser faire nos projets définitifs, et nous mettre en mesure de profiter activement de l'année dans laquelle nous allons entrer.**

Je crois avoir déjà eu l'honneur de vous dire **que notre personnel est arrêté en grande partie et aux frais de l'entreprise, à partir du 1er janvier prochain.**

J'ose espérer que votre bienveillance habituelle pour la construction des chemins de fer nous viendra en aide **pour hâter la solution de l'emplacement de la gare, sans la désignation duquel emplacement nous ne pouvons rien faire.**

Agréez, etc.

Signé JOUVE.

═══════════

PIÈCE N° 38.

Luxembourg, le 30 décembre 1856.

Messieurs Favier et Jouve,

Répondant à la lettre de M. Jouve, en date du 25 décembre courant, j'ai l'honneur de vous accuser réception **des études nouvelles complétant le réseau des chemins de fer luxembourgeois,** le point de départ supposé au fort Bourbon.

Ces études comprennent :

1° La portion de la ligne du Nord suivant la rive droite de l'Alzette, vers Diekirch ;

2° La ligne de Trèves, vers Lintgen ;

3° La même ligne de Trèves, vers Lorentzweiller.

Le carton A relatif à la ligne du Nord, par la rive droite de l'Alzette, renferme **dix pièces :**

1· Plan général.
2· Plan des abords de la ville.
3· Profil en long.
4· Profils en travers.
5· Acquisitions de terrains.
6 Calcul des terrasses.
7· Mouvement des terres.
8· Mémoire explicatif.
9· Profils en long de raccordements avec les lignes vers la France et la Belgique.
10° Profils en travers des mêmes raccordements.

Le carton B relatif à la ligne de Trèves, par Lintgen, en renferme **sept :**
1° Plan général.
2° Profil en long.
3° Profils en travers.
4° Acquisitions de terrains.
5° Calcul des terrasses.
6· Mouvement des terres.
7· Mémoire explicatif.

Le carton C variante de la ligne de Trèves, par Lorentzweiller, en renferme également **sept :**
1° Plan général.
2· Profil en long.
3· Profils en travers.
4· Acquisitions de terrains.
5· Calcul des terrasses.
6· Mouvement des terres.
7° Mémoire explicatif.

Les pièces qui viennent d'être énumérées m'ont été remises le 27 de ce mois par M. l'ingénieur Frensdorff.

Signé DE SCHERFF.

PIÈCE N° 39.

Luxembourg, le 1ᵉʳ décembre 1856.

Rapport du Conseil des administrateurs généraux à S. A. R. le prince Henri des Pays-Bas, lieutenant représentant de S. M. le Roi grand-duc dans le Grand-Duché, au sujet d'une convention relative aux Chemins de fer luxembourgeois.

Monseigneur,

La loi du 25 novembre 1855 a approuvé deux conventions concernant l'établissement des lignes de chemins de fer du Grand-Duché de Luxembourg.

La première de ces conventions concède définitivement aux sieurs **Favier** et **Jouve**, de Nancy, les lignes vers la France, la Belgique et la Prusse.

Par la seconde convention, le sieur Favier seul s'oblige à exécuter la ligne se dirigeant de Luxembourg vers la frontière nord de notre pays, mais sous la réserve de pouvoir résilier le contrat : 1° si le coût du chemin devait excéder 160,000 francs par kilomètre ; 2° si dans deux ans l'extension de la ligne jusqu'à Spa ou jusqu'à Cologne n'était pas assurée.

Les concessionnaires **ont loyalement exécuté les obligations que ces deux conventions leur imposent.** Les travaux sur la ligne de France sont en activité. **Les plans définitifs pour les deux autres lignes ne sont arrêtés que par les difficultés, indépendantes de la volonté des concessionnaires,** que rencontre la **fixation de la gare centrale et des tracés qui sont subordonnés au choix de cette gare.** L'avant-projet pour la ligne du nord est déposé.

Toutefois, en ce qui concerne cette dernière ligne, il n'était pas à prévoir que dans les conditions actuelles la concession y relative fût de nature à devenir définitive. En effet, d'après les calculs du concessionnaire, la dépense de cette ligne dépasserait de beaucoup le maximum fixé par la concession ; de plus, les extensions prévues par cette concession ne sont pas assurées encore.

A l'égard des trois lignes définitivement concédées, les concessionnaires ont fait des efforts pour parvenir à la formation d'une Compagnie anonyme, conformément à l'art. 22 du cahier des charges. Mais plusieurs circonstances ont concouru à entraver la réussite de ces efforts : notamment la situation du marché, l'incertitude qui planait sur le maintien définitif du décret de 1852, concernant la ligne de Thionville à Luxembourg, le caractère provisoire de la concession concernant celle du Luxembourg vers le Nord, les difficultés que rencontre l'établissement de la gare du Luxembourg, les exigences du génie militaire, etc.

Telle était la situation lorsque, à la date du 12 octobre dernier, le sieur Favier a fait connaître qu'il était prêt à entreprendre définitivement la ligne nord, si les conventions primitives pouvaient subir certaines modifications dont dépendait la réussite d'une combinaison destinée à embrasser tout le réseau des chemins de fer du Grand-Duché.

Les propositions faites ont paru de nature à pouvoir servir de point de départ à une négociation, et cette négociation a abouti à la convention que nous avons l'honneur de soumettre très-respectueusement à Votre Altesse Royale, en même temps qu'un projet d'ordonnance concernant son approbation.

L'art. 1er de cette convention est relatif à la ligne du Nord. Le sieur Favier s'en charge définitivement, sans condition de dépense ni d'extension, moyennant une subvention de 3 millions de francs. Cette subvention est payable en trois termes, dont le premier n'échoit qu'un an après le commencement des travaux de la ligne, et les deux autres un et respectivement deux ans après le premier paiement, mais en tout cas seulement après le commencement des travaux au delà de Diekirch.

Lorsque les recettes des quatre lignes dépasseront 7 0/0, la subvention sera remboursable sur la moitié de cet excédant de recettes.

Un cautionnement de 500,000 fr., spécialement affecté à la ligne du Nord, est dès aujourd'hui déposé.

L'art. 2 de la convention concerne le cahier des charges applicable aux quatre lignes. Plusieurs modifications avantageuses y ont été introduites : c'est ainsi que les terrassements seront faits de suite pour deux voies ; le poids minimum des rails a été porté à 30 kilogrammes ; le tarif des marchandises de troisième classe a été diminué de 10 0/0 ; le transport des denrées d'approvisionnement, en cas de cherté extraordinaire, subit un nouveau dégrèvement.

Une stipulation importante est celle concernant la gare de Luxembourg. La convention reconnaît que les concessionnaires sont dispensés de toute contribution : 1° aux travaux de fortification que l'établissement de la gare de Luxembourg et le passage par le rayon de la forteresse peuvent rendre nécessaires ; 2° au surcroît de dépenses que nécessiterait l'établissement de la gare à l'intérieur de la ville, ou à un endroit plus rapproché de la ville que celui proposé par les concessionnaires **dans des conditons acceptables**. Cette reconnaissance ne constitue pas une faveur pour les concessionnaires, car la concession ne leur impose aucune dépense de fortification et ne les oblige **qu'à l'établissement d'une gare sous le canon de la place**. Le montant de la charge pouvant résulter de cette reconnaissance ne peut pas en ce moment être déterminé. Il dépend du résultat d'études qui ne sont pas achevées encore, de négociations avec les autorités fédérales, d'arrangements avec la ville de Luxembourg. Aussi n'avons-nous pas cru devoir demander à ce sujet des pouvoirs illimités : le projet d'ordonnance réserve à une loi spéciale de pourvoir aux moyens destinés à faire face aux obligations contractées. **Les efforts de l'administration tendent à rendre la charge qui en résulte le moins onéreuse que possible, et c'est précisé-**

**ment l'importance que nous attachons à la question économique
qui retarde encore la solution de la question relative à l'emplacement de la gare.**

En ce qui concerne le § 4 de l'art. 2, il est à remarquer que l'art. 17 du
cahier des charges fait courir le laps de 99 ans, pour lequel la concession
est accordée, à dater de l'époque fixée pour l'achèvement des travaux de
toutes les lignes. La concession de la ligne du nord aurait ainsi entraîné
une prolongation implicite des concessions concernant les autres lignes , ou
bien une durée différente pour les différentes lignes concédées. Nous avons
pensé qu'il y avait lieu d'adopter un terme moyen pour tout le réseau : le
point de départ indiqué par les lettres privées auxquelles renvoie la convention, est la date du 20 juin 1829.

Le § 5 de l'art. 2 fait disparaître une entrave pouvant résulter de l'article 22 du cahier des charges, qui semble ne permettre la rétrocession des
concessions qu'à une Société anonyme.

En stipulant que les concessionnaires resteront garants solidaires de l'accomplissement de toutes leurs obligations jusqu'à la formation d'une Société
anonyme, il n'y a aucun inconvénient à leur rendre , à l'égard d'autres
combinaisons financières qui pourraient se présenter, toute liberté d'action.

L'art. 4 de la convention réserve l'approbation législative. D'après une
stipulation spéciale, à laquelle le concessionnaire a déclaré ne pas pouvoir
renoncer, la convention est à considérer comme non avenue, si cette approbation n'intervient pas avant le 7 décembre courant.

Monseigneur,

Nous estimons que cette convention, en même temps qu'elle viendra en
aide aux concessionnaires, sera très-favorable aux intérêts du grand-duché.
En effet, elle a pour but de rendre définitive la concession aujourd'hui très-
conditionnelle de la ligne du Nord, et elle facilite à la fois les arrangements
financiers destinés à assurer l'exécution de toutes les lignes concédées. Les
immenses avantages que l'achèvement du réseau complet de nos chemins
de fer est appelé à procurer au grand-duché compenseront amplement les
sacrifices relativement faibles que la convention lui impose. En admettant
que la dépense résultant de l'article 2, § 1er, de la convention, atteigne un
million et même deux millions de francs, le grand-duché se procurerait,
au moyen d'une subvention de 25 à 30,000 fr. par kilomètre au maximum,
un réseau d'une étendue totale de 160 kilomètres, dépassant de beaucoup la
proportion des voies ferrées existant dans les pays qui nous entourent. La
rente de 200,000 francs environ , dont la convention, après l'achèvement
complet des lignes, grèvera le budget, ne présente rien d'exorbitant, parce
qu'elle sera compensée en partie par l'accroissement naturel du produit des
impôts, résultant de l'amendement du sol, de l'augmentation de la richesse
nationale et du mouvement des affaires, et pour une autre partie, par la

diminution successive des dépenses affectées aujourd'hui à l'entretien des routes, aux transports publics et aux constructions neuves.

C'est donc avec confiance que nous venons proposer respectueusement à Votre Altesse Royale de daigner accorder l'approbation législative à une convention destinée à faire faire un pas décisif à la réalisation d'une œuvre nationale que Votre Altesse Royale poursuit avec une haute et incessante sollicitude.

Nous sommes, avec le plus profond respect,

Monseigneur,

de Votre Altesse Royale,

Les très-humbles et très-obéissants serviteurs.

Le Conseil des Administrateurs généraux :

SIMONS, WURTH-PAQUET,

SERVAIS, EYSCHEN, P. DE SCHERFF.

<hr>

PIÈCE N° 40.

Nancy, 2 février 1857.

Monsieur DE SCHERFF, *administrateur général des travaux publics à Luxembourg,*

Nancy, 2 février 1857.

Suspension des travaux du souterrain si le gouvernement R. G. D. ne donne pas son approbation.

Dans mon dernier voyage à Luxembourg, j'ai eu l'honneur de vous manifester mes craintes relativement au point de jonction à la frontière française, et de vous dire ce que j'avais appris relativement aux démarches faites par la compagnie de l'Est pour retarder l'exécution des travaux qui doivent se réunir avec ceux du grand-duché.

Vous avez bien voulu me répondre que vous ne perdiez pas de vue ces négociations.

N'entendant plus rien, mes craintes se réveillent et j'ai peur d'avancer trop vite. Je désirerais donc, M. l'administrateur général, que vous voulussiez bien m'assurer que rien ne sera changé dans les tracés que j'ai eu l'honneur de vous remettre et notamment dans **l'emplacement du souterrain**, autrement je me croirais obligé, dans l'intérêt de l'entreprise, de suspendre **sur ce point** tous les travaux jusqu'à décision relative à ce sujet.

Agréez, etc.

Signé JOUVE.

PIÈCE N° 41.

Luxembourg, 13 février 1857.

Monsieur JOUVE, *concessionnaire du chemin de fer du grand-duché*
    à Nancy,

Monsieur,

En réponse à votre lettre du 2 du courant, par laquelle **vous me demandez des renseignements au sujet du point de passage de la frontière de France**, j'ai l'honneur de vous informer que jusqu'ici nous n'avons encore obtenu du gouvernement français que cette déclaration de principe :

« Que le tracé français part directement de Thionville pour traverser la
» frontière au delà de Zoufftgen, dans la vallée où est situé ce village. »

Le gouvernement français ne s'est pas expliqué encore sur le projet de point de jonction que **vous avez présenté** et que nous lui avons communiqué.

Cette affaire fait l'objet d'instances réitérées, et j'espère que la formation de la société viendra en aide à nos démarches.

M. Favier m'ayant également entretenu au sujet de cette affaire, je lui ai fait directement la communication qui précède.

Recevez, etc.

Signé DE SCHERFF.

PIÈCE N° 42.

Paris, 15 mars 1857.

Monsieur DE SCHERFF, *administrateur général des travaux publics*
    à Luxembourg.

Monsieur,

J'ai vu ce matin M. Collignon, inspecteur général des ponts et chaussées. Il a entre les mains le dossier relatif au point de jonction à la frontière française, et attend en vain, m'a-t-il dit, M. Van de Pol pour terminer cette question. Je lui ai dit que ce dernier était malade à la Haye. Il demande alors que le gouvernement luxembourgeois désigne sans retard un autre représentant pour cette négociation, de laquelle il ne pourra plus s'occuper dans dix jours, devant partir à la fin du mois pour St-Pétersbourg comme directeur général des chemins de fer russes.

M. Collignon a beaucoup contribué en Janvier 1850, lorsqu'il était secrétaire général des ponts et chaussées, à faire rejeter le projet de la compagnie de l'Est par Longwy et Arlon, et à faire adopter le nôtre par Zoufften ;

6

il est très au courant de l'affaire et de plus bien disposé pour moi. Il serait donc **très-regrettable** qu'un autre que lui fût chargé de cette question, dont la solution éprouverait, dans ce cas, **un nouveau retard.**

Je viens vous prier, monsieur, d'accréditer au plus tôt un nouveau représentant près du gouvernement français, en demandant à celui-ci d'inviter de suite la compagnie de l'Est à venir discuter devant M. Collignon. Une démarche directe et immédiate près de M. Rouher, par M. Lightenwalt, contribuerait beaucoup à faire venir d'ici huit jours les parties intéressées devant M. Collignon.

Je préviendrai ce dernier, si vous voulez bien me tenir au courant de ce que vous décidez à ce sujet, et presserai M. de Lightenwalt, si vous le désirez.

Si je m'occupe aujourd'hui officieusement de cette question, c'est dans l'intérêt de votre gouvernement ; **elle est au nombre de celles qui empêchent qu'on soumette à votre approbation les plans définitifs, et par suite que les délais de construction courent.**

Je serais heureux de pouvoir vous être de quelque utilité avant de quitter Paris.

Agréez, etc.

Signé A. FAVIER.

PIÈCE N° 43.

Luxembourg, 17 mars 1857.

Monsieur Favier, banquier à Paris.

17 mai 1857.

Je vous remercie de la communication que vous avez bien voulu me faire au sujet du point de jonction.

Nommer un nouveau plénipotentiaire dans le délai indiqué eût été impossible, parce qu'il faudrait passer par La Haye. Mais nous avons prié M. Lightenwelt, en le mettant au courant de votre communication, de faire de nouvelles démarches auprès de qui de droit, afin que le gouvernement français prenne encore une résolution *sur le rapport de M. Collignon,* sauf à régulariser la forme.

Vous n'aurez donc pas besoin d'insister auprès de M. Lightenwelt, sauf à le prier de vous tenir au courant de ses démarches, si vous le désirez.

Les Belges n'avancent pas non plus ; **voilà trois fois que l'affaire leur a été rappelée.**

Votre tout dévoué serviteur,

Signé DE SCHERFF.

PIÈCE N° 44.

Nancy, 20 mars 1857.

Monsieur DE SCHERFF, *administrateur général des travaux publics.*

Nancy, 20 mars 1857.

**Remise des études faites pour
1° Raccordement de la gare
Bourbon à la ville;
2° Ligne de Trèves par Hamm.**

Suivant le désir que vous m'avez manifesté hier, et qui doit être une des causes d'accélération dans l'appréciation de la position de la gare,

J'ai l'honneur de vous adresser les pièces qui ont rapport à l'étude faite :

1° Pour le raccordement de la gare Bourbon avec la ville ;

2° Pour l'étude de la ligne de Trèves par Hamm.

Le premier carton renferme **vingt-quatre pièces** dont l'énumération se trouve dans un bordereau joint aux pièces ;

Le deuxième carton se compose de **sept pièces** seulement : le tout indiqué également dans un bordereau inclus dans le deuxième carton.

Je vous serai bien reconnaissant, Monsieur l'administrateur général, de me faire accuser réception de ces diverses pièces.

Agréez, etc.

Signé FAVIER.

PIÈCE N° 45.

Luxembourg, le 23 mars 1857.

Monsieur,

23 mars 1857.

**Accusé de réception des pièces
du raccordement de la gare
Bourbon et la ligne de Trèves
par Hamm.**

J'ai l'honneur de vous accuser réception des pièces que vous avez bien voulu m'adresser par votre lettre du 20 de ce mois, lesquelles ont rapport à l'étude faite : 1° pour le raccordement de la gare de Bourbon avec la ville ; 2° pour la ligne de Trèves par Hamm.

Ces pièces, contenues dans deux cartons, sont au nombre de **trente et une.**

Signé DE SCHERFF.

PIÈCE N° 46.

Paris, 24 mars 1857.

Monsieur Favier,

**Lettres du 24 mars 1857 de la
Société à M. Favier.**

Nous avons l'honneur de vous adresser copie des pouvoirs que nous comptons vous remettre pour vous accréditer près le gouvernement royal grand-ducal.

Il est bien entendu que ces pouvoirs ne dérangeront en quoi que ce soit aux stipulations réciproques de notre traité et notamment à l'article 4.

« Monsieur l'administrateur général,

» Nous avons l'honneur de vous informer que le Conseil d'administration de » la Société royale grand-ducale des chemins de fer Guillaume-Luxembourg » a délégué M. Favier pour le représenter près le gouvernement grand-ducal, » à l'effet de discuter les questions de gare et de tracés dont la solution im-» médiate est si importante. **Cependant aucune des décisions prises** » **par M. Favier ne deviendra définitive qu'après ratification du** »**Conseil.** »

Veuillez nous faire savoir, Monsieur, si nous sommes bien d'accord, et agréez, etc., etc.

Le Président du Conseil d'administration,

Signé marquis D'ALBON.

PIÈCE N° 47.

Luxembourg, le 31 mars 1857.

Au Conseil d'administration de la Société R. G. D. des chemins de fer Guillaume-Luxembourg, à Paris.

Messieurs,

Sous la date du **25 décembre dernier**, M. Jouve m'a adressé, en son nom et en celui de M. Favier, **les études nouvelles complétant le réseau des chemins de fer luxembourgeois, l'emplacement de la gare centrale supposé en avant du fort de Bourbon.**

Ces études comprennent :

1° Une portion de la ligne du Nord ;

2° La ligne de Trèves par Lintgen ;

3° La même ligne par Lorentzweiller.

J'ai communiqué ces études au gouvernement militaire de la forteresse, pour avoir son avis au sujet, *tant* de l'emplacement **proposé** pour la gare *que des* **tracés proposés** pour la ligne de Trèves.

Dès que cet avis m'est parvenu, j'en ai fait communiquer une copie à M. l'ingénieur Frensdorff, afin de le mettre à même d'apporter à ses projets les corrections indiquées par le gouvernement militaire.

J'ai en même temps prié M. Frensdorff de faire **encore les études A de la communication avec la ville, B d'un tracé se dirigeant sur Trèves par la Pulvermühle.**

Les pièces relatives à ces dernières études **m'ont été communiquées par M. Jouve, sous la date du 20 mars courant.**

Mais jusqu'à ce jour je n'ai encore reçu aucune communication concernant les modifications à apporter à la demande du génie militaire aux plans concernant l'emplacement de la gare, et le tracé de la ligne du Nord (direction du tunnel à établir sous la ville).

Dans une entrevue que j'ai eue récemment avec son excellence le gouverneur de la forteresse et avec M. le directeur du génie de la place, j'ai eu l'occasion de me convaincre que, dans l'opinion des autorités militaires, l'emplacement, tel qu'il est proposé dans les plans de M. Frensdorff, est à considérer comme *impossible*, parce qu'il empiète sur l'espace nécessaire à l'assiette du fort principal à établir par suite de la construction de la gare sur le plateau de Bourbon. Il faut donc que la gare soit reculée.

Je dois vous faire observer encore, Messieurs, que la position verticale que l'on propose de donner à la gare, exigerait, dans l'opinion des autorités militaires, l'établissement d'un second fort, exigence qui, **si elle était maintenue, rendrait l'emplacement proposé inacceptable pour le gouvernement.**

Je ne puis donc que vous prier, Messieurs, de bien vouloir hâter autant que possible l'étude des modifications qu'il paraît indispensable d'apporter au plan de la gare à établir sur le plateau de Bourbon.

Les études auxquelles j'ai fait procéder, au sujet d'une gare à établir dans la vallée de Pétrusse, sont à peu près achevées.

Si donc l'étude des modifications ci-dessus n'éprouvait pas de retards, les conférences pour lesquelles **vous avez délégué M. Favier, aux termes de la lettre que vous m'avez fait l'honneur de m'adresser le 25 de ce mois,** pourront commencer après la semaine de Pâques, et la question trouver ainsi une solution définitive et conforme à tous les intérêts, que le gouvernement ne désire pas moins vivement que la Compagnie.

Recevez, etc.

Signé DE SCHERFF.

PIÈCE N° 48.

Luxembourg, 13 avril 1857.

Monsieur Favier,

J'écris officiellement au Conseil d'administration pour l'informer que j'ai remis à M. Frensdorff l'indication 1° du fort à construire en amont de la gare de Bourbon, 2° de la ligne que les bâtiments de la gare ne doivent pas dépasser.

M. Frensdorff pense qu'il lui sera facile de déplacer la gare de manière à répondre aux exigences du génie militaire.

Agréez, etc.

Signé DE SCHERFF.

PIÈCE N° 49.

Luxembourg, 13 avril 1857.

Au Conseil d'administration de la Société R. G. D. des chemins de fer Guillaume-Luxembourg.

Messieurs,

Pour faire suite à ma communication du 31 mars dernier, et pour répondre à une lettre que M. le directeur général de votre Société m'a adressée, sous la date du 10 de ce mois, n° 5, j'ai l'honneur de vous informer que M. le major directeur du génie de la place **vient de m'indiquer** : 1° l'emplacement du fort dont la construction deviendrait nécessaire par suite de l'établissement de la gare de Luxembourg sur le plateau de Bourbon ;

2° La ligne que les bâtiments de la gare ne doivent pas dépasser, sous peine de rendre nécessaire l'établissement d'un second fort.

J'ai fait communiquer ces indications à M. Frensdorff, ingénieur des anciens concessionnaires, **afin de le mettre à même de modifier le projet primitif** et afin de prévenir des retards ultérieurs.

Les études concernant la gare de la Pétrusse sont achevées.

Elles sont à la disposition de vos ingénieurs, chez M. Mersch, ingénieur de l'arrondissement de Luxembourg.

Je vous prie, Messieurs, de bien vouloir me faire connaître au plus tôt vos propositions concernant l'établissement de la gare de Luxembourg et les tracés des quatre lignes devant aboutir à cette gare. Si ces propositions n'éprouvent pas de retard, les conférences auxquelles peut donner lieu la question de la gare et des tracés, **et pour lesquelles vous avez délégué M. Favier**, peuvent commencer vers le 24 de ce mois.

J'ai été informé officieusement du désir de M. Favier de se faire assister dans ces conférences ; j'ai l'honneur de vous faire connaître que **votre délégué** peut, sous ce rapport, agir entièrement d'après ses convenances.

Recevez, etc.

Signé DE SCHERFF.

PIÈCE N° 50.

Londres, 28 avril 1857.

Monsieur DE SCHERFF, *administrateur général des travaux publics à Luxembourg.*

Monsieur,

Ainsi que j'ai eu l'honneur de vous le dire, j'ai traité à forfait de la construction complète des chemins de fer du grand-duché de

Luxembourg. J'espère obtenir dans cette forme la rémunération légitime de l'apport de mes concessions à la Société qui, de son côté, **a trouvé dans ladite forme l'avantage de dégager de l'inconnu la grave question de construction.**

J'ai été délégué près de vous, Monsieur l'administrateur général, en vertu de l'article 4 de mon traité avec la Société, lequel est ainsi conçu :

« Art. 4.

» Toute la construction desdits chemins de fer et tous les travaux généra-
» lement quelconques s'y rattachant, seront exécutés par M. Favier. confor-
» mément aux règles de l'art, sous le contrôle des ingénieurs de la Compa-
» gnie, et suivant les plans, coupes, élévation du projet définitif approuvé
» par le gouvernement du grand-duché de Luxembourg, et dont une expé-
» dition certifiée leur sera remise.

» Ces travaux seront au surplus exécutés selon les prescriptions du cahier
» des charges particulier entre les parties soussignées, à la date de ce
» jour, et qui demeure ci-annexé. »

M. A. Favier **est tenu de faire accepter les plans définitifs par le gouvernement, et, à cet effet, tous pouvoirs seront donnés par le Conseil d'administration, si besoin est, à M. Favier, de poursuivre l'obtention** desdits plans près le gouvernement grand-ducal.

« Lorsque les plans du réseau entier des chemins de fer luxembourgeois
» auront été approuvés par le gouvernement, **M. Favier s'engage à
» les communiquer à la Compagnie, qui, si elle jugeait conve-
» nable de les modifier, pourrait le faire, avec le consentement
» du gouvernement du grand-duché;** mais dans ce cas, s'il en résul-
» tait une augmentation de dépenses, la Compagnie tiendrait compte à
» M. Favier de l'excédant constaté, suivant les séries de prix qui ont servi de
» base à l'appréciation de M. Collignon.

» Il est bien entendu que si, au contraire, il en résultait une économie,
» elle profiterait à M. Favier. »

La Société, vous le voyez, Monsieur l'administrateur général, a entendu se reposer exclusivement sur moi du soin de négocier avec vous la question de la gare et celle des tracés.

Je compte me rendre dans ce but près de vous le 8 ou le 10 mai prochain, et j'ai l'espoir que vous voudrez bien réserver au délégué spécial de la Société la bienveillance avec laquelle vous avez toujours accueilli les concessionnaires primitifs.

Agréez, etc.

Signé A. FAVIER.

PIÈCE N° 51.

Luxembourg, 1er mai 1857.

Monsieur Favier,

Par votre lettre datée de Londres du 28 avril dernier, vous avez bien voulu m'informer **que vous aviez traité à forfait de la construction** des chemins de fer du Grand-Duché de Luxembourg, et vous me communiquez l'art. 4 du traité que vous avez fait avec la Société R. G. D. Guillaume-Luxembourg.

J'ai l'honneur de vous informer, en réponse à cette communication, que le traité en question, dont au reste la Société ne m'a pas donné connaissance, est une affaire entre elle et vous, et à laquelle le gouvernement **restera étranger.**

Si donc je suis prêt à traiter avec vous la question de la gare, etc., ce n'est pas parce que votre traité vous donnerait un droit de poursuivre de pareilles négociations, mais parce que le Conseil d'administration m'a informé, sous la date du 23 mars dernier, **qu'il vous a délégué pour le représenter dans la question de la gare et des tracés (ainsi que l'art. 26 § 1 des statuts lui en donne le droit).**

En un mot ce n'est pas avec **l'entrepreneur**, mais avec *le délégué spécial de la Société*, comme d'ailleurs vous le dites vous-même, que je traiterai.

Vous pouvez d'ailleurs être convaincu que je porte toujours le même intérêt à cette grande entreprise, et que je ferai tout mon possible pour amener une bonne conclusion de la question que vous êtes chargé de traiter.

Recevez, etc.

Signé DE SCHERFF.

PIÈCE N° 52.

Luxembourg, 12 mai 1857.

Monsieur l'administrateur général des travaux publics à Luxembourg.

Monsieur,

J'ai l'honneur **de vous confirmer que l'emplacement de la gare proposé par la** Société R. G. D. des chemins de fer Guillaume-Luxembourg, **est celui que vous ont déjà présenté les concessionnaires primitifs, c'est-à-dire sous le Fort Bourbon, modifié comme vous l'avez demandé et conformément au plan ci-joint.**

La Société propose en outre que les tracés des lignes qui doivent partir de cette gare se dirigent :

1° Vers Trèves directement;

2° Vers Thionville, suivant le projet déjà approuvé.

3° Vers Arlon, suivant l'avant-projet remis antérieurement;

4° Vers Weiswampach, en passant près Diekirch, et **s'embranchant sur la ligne d'Arlon, près Strassen.**

Si vous voulez bien approuver cette proposition, la Société fera étudier immédiatement les projets définitifs.

Si ma présence à Luxembourg n'est pas utile en ce moment, je me tiendrai à votre disposition à Nancy, d'où je viendrai **dès que vous m'appellerez,**

Veuillez, Monsieur l'Administrateur général, m'accuser réception de la présente, et agréez, etc.

Le délégué spécial,

Signé A. FAVIER.

PIÈCE N° 53.

Luxembourg, 15 mai 1857.

Monsieur l'administrateur général des travaux publics, à Luxembourg.

Monsieur,

J'ai l'honneur de vous adresser, pour satisfaire à votre lettre d'hier,

1° Plan d'ensemble.

2° Profil en long.

3° Profil en travers.

4° Calcul des terrasses,

de la gare sous le fort Bourbon telle que je vous l'ai proposée le 12 courant, **au nom de la Société des chemins de fer Guillaume-Luxembourg.** Les autres documents que vous réclamez sont relatifs aux tracés proposés qui dépendent de cette gare; ils ne pourront être établis que lorsque **vous aurez bien voulu me dire** si la **nouvelle gare proposée** est dans des conditions **reconnues acceptables** par le gouvernement, sous le rapport des tracés, de la défense de la place, et des communications avec la ville; car, ainsi que vous l'avez dit avec raison dans votre rapport du 1er décembre 1856, à S. A. R. le prince Henri des Pays-Bas, **les tracés sont subordonnés au choix de la gare centrale, et les concessionnaires ne peuvent exécuter leurs projets de tracés qu'après que l'emplacement de cette gare aura été fixé.** Si contre mon attente la gare de Bourbon n'était pas dans des conditions acceptables par le gouvernement, je vous prierais, monsieur l'administrateur général,

15 mai 1857.
Remise du projet modifié de la gare Bourbon.

7

de vouloir bien m'en énumérer en détail les motifs, afin qu'il me soit possible **de vous faire une nouvelle proposition satisfaisant aux conditions exigées.**

Recevez, etc.

Le délégué spécial,

Signé A. FAVIER.

PIÈCE N° 53 bis.

Luxembourg, 15 mai 1857.

Messieurs les administrateurs des chemins de fer Guillaume-Luxembourg,
à Paris.

Messieurs,

J'ai l'honneur de vous confirmer que le prince Henri doit quitter Luxembourg le 19 courant, afin de se trouver le 22 à La Haye, pour recevoir son cousin le grand-duc Constantin.

La commission nommée par le gouvernement pour donner son avis sur les divers emplacements proposés pour la gare centrale doit se réunir le 17 courant.

Je désire que la Société soit à ce moment représentée ici par ses membres les plus influents, afin qu'aucune décision ne soit prise **sans son assentiment.**

Je communique à M. Vionnois tous les plans, afin qu'il puisse se bien pénétrer de la valeur des divers projets sur lesquels il aura à appeler **votre attention.**

Pour faire suite à ma communication du 12 courant, j'ai l'honneur de vous remettre, sous ce pli, copie d'une lettre de M. de Scherff, en date du 13 courant, et copie de ma réponse de ce jour.

J'ai reçu la dépêche de M. Van de Wynkèle ; j'enverrai des voitures à Thionville pour le train qu'il m'indiquera. Il est nécessaire de me dire aussi combien de chambres je devrai retenir à l'hôtel.

Agréez, Messieurs, etc.

Signé FAVIER.

PIÈCE N° 54.

Luxembourg, 22 mai 1857.

Monsieur FAVIER, **délégué** *de la Société des chemins de fer Guillaume-Luxembourg.*

J'ai l'honneur de vous accuser réception des pièces annexées à votre lettre datée de Luxembourg du 15 de ce mois, et de vous communiquer, relativement aux différents points traités dans cette lettre, les observations qui suivent :

Ainsi que j'ai eu l'honneur de vous le dire verbalement, **je ne puis me prononcer sur l'acceptabilité de l'emplacement que la Société propose pour gare centrale, aussi longtemps que la question n'est pas instruite sous toutes ses faces.**

La question technique, qui forme un élément des plus importants de cette instruction, a été soumise à une commission d'ingénieurs qui, le 19 de ce mois, a émis l'avis dont j'ai l'honneur de vous transmettre ci-joint une copie. Vous verrez que cette commission critique le projet présenté en dernier lieu, sous plusieurs rapports ; elle rejette le tracé de Strassen, elle demande la transformation de la gare en gare de passage, et elle demande des études complètes avec un devis estimatif.

J'ai l'honneur de vous prier de bien vouloir donner des instructions, ou confirmer celles que déjà vous avez données, je crois, avant votre départ, pour qu'il soit satisfait dans le plus bref délai possible, et sous tous les rapports, aux demandes de la commission.

Pour le cas où les études démontreraient la nécessité ou la convenance pour la Société, d'introduire des modifications dans le programme de la commission, il importerait que les plans d'un pareil projet modifié fussent également complets et accompagnés d'un devis estimatif, afin d'éviter d'ultérieurs retards.

Vous voudrez bien, aussitôt que l'avancement des nouvelles études le permettra, me faire connaître les points communs aux différents projets qu'il s'agit de comparer, afin que l'étude de la Pétrusse puisse être complétée et que l'on puisse en même temps se mettre d'accord sur les séries des prix à appliquer à l'estimation des travaux.

Recevez, etc.

Signé de SCHERFF.

PIÈCE N° 54 BIS.

Procès-verbal des séances et *avis* de la Commission consultative chargée d'examiner les projets présentés pour l'établissement de la gare de Luxembourg
commune au réseau des chemins de fer Guillaume-Luxembourg.

La Commission a examiné tous les projets qui ont été mis sous ses yeux ;
elle a étudié sur le terrain les diverses combinaisons proposées, et **a entendu les observations présentées** au nom de la Compagnie **par
M. M. A. Prost,** vice-président du Conseil d'administration, le **vicomte
d'Ablon** et le **vicomte Jaubert,** membres du Conseil d'administration,
et les ingénieurs chargés des études.

Elle considère qu'il faut ranger parmi les projets à rejeter définitivement
celui qui établirait la gare au fort du Saint-Esprit. On pourrait à la rigueur
y organiser une station de voyageurs, mais l'espace manque, tant en
longueur qu'en largeur, pour le service des marchandises. L'exploitation de
cette section serait des plus difficiles, parce qu'elle se ferait en rebroussement, pour toutes les directions, à l'extrémité d'un long viaduc, et cette
mauvaise solution ne pourrait être obtenue qu'au moyen d'énormes dépenses pour la construction de ce viaduc élevé, ainsi que pour le déplacement des établissements militaires qu'il faudrait disposer et reconstruire
ailleurs, en détruisant une partie notable des habitations actuelles de la
ville que l'on aurait précisément en vue de favoriser.

Dès l'abord aussi, la Commission a considéré comme extrêmement défec-
tueux le raccordement de la ligne du Nord avec la ligne d'Arlon près de
Strassen, et elle est d'avis que rien ne serait plus regrettable que d'adopter
un tracé aussi détourné.

Elle est arrivée, après une discussion approfondie, à ne mettre en parallèle
que les deux combinaisons principales qui placent la gare de Luxembourg,
l'une dans le ravin de la Pétrusse, l'autre sur le plateau situé en avant des
glacis du fort Bourbon, à la condition d'en faire une gare de passage et
non de rebroussement, et d'y rattacher, d'une manière aussi directe que
possible, la ligne du Nord.

Mais la Commission manque des éléments nécessaires pour faire un choix
motivé entre ces deux projets, à cause de l'état incomplet des études.

La combinaison de la Pétrusse est sans doute étudiée dans tous ses détails, quant au tracé et aux ouvrages à exécuter, mais les estimations définitives manquent et sont à faire.

Le projet présenté par la Compagnie dans l'emplacement indiqué par la
Commission, en 1856, sur le plateau du fort Bourbon, doit recevoir deux
modifications essentielles : la première consiste à rattacher la ligne belge
à la gare sans rebroussement, et à se diriger vers Arlon, en traversant le
ravin de la Pétrusse, à peu près dans la direction adoptée primitivement par

la Compagnie elle-même ; la seconde aurait pour objet de faire partir la ligne du Nord de la gare, autant que possible en prolongement direct de son axe, et en aboutissant, au moyen d'un souterrain, à l'origine du ravin du Rollingergrund.

Cette combinaison aurait l'avantage d'arriver avec des pentes douces et un parcours réduit dans la vallée de l'Alzette, en desservant les usines dont le village d'Eich est le centre ; elle supprimerait en outre tous les rebroussements, à l'exception de celui de la ligne belge vers le Nord, et de celui de la ligne de Trèves vers la France, et encore ce dernier pourrait être évité pour les trains de houille et de minerai, au moyen d'une courbe de raccordement près de Hollerich.

En conséquence, la Commission demande que les deux combinaisons dont il s'agit soient étudiées dans **tous leurs détails**, quant aux tracés, aux longueurs de parcours, aux inclinaisons et aux dépenses pour les parties comprises entre leurs points communs, et il est entendu que dans le chiffre des dépenses on devra faire entrer l'estimation des ouvrages militaires et des travaux destinés à mettre, aussi directement que possible, en communication avec la gare la ville haute et la ville basse de Luxembourg.

Il sera facile de comprendre dans les mêmes études comparatives l'hypothèse de l'établissement de la gare qui a été proposée à la sortie du souterrain dans la partie supérieure du ravin du Rollingergrund , quoique la Commission trouve dès à présent à cette combinaison l'inconvénient d'éloigner la gare de Luxembourg d'environ 3 kilomètres des frontières de France et de Prusse, de donner à la ligne belge, à partir de son embranchement, une rampe de 10 millimètres par mètre, et d'imposer aux trois lignes, prussienne, française et belge , la sujétion de n'arriver à la gare et de ne pouvoir communiquer entre elles que par un souterrain dont elles doivent naturellement être affranchies.

Clos à Luxembourg, le 19 mai 1857.

Signé P. DE SCHERFF,
WIRZ,
DUTREUX,
MAUS,
LEJOINDRE,
MERSCH,
RAILLARD,
SIVERING.

PIÈCE N° 55.

Nancy, le 26 mai 1857.

Monsieur l'administrateur général.

J'ai l'honneur de vous accuser réception de votre lettre du 22 courant et de la pièce qu'elle renfermait.

J'ai donné toutes les instructions nécessaires pour que les nouvelles études soient faites activement et complétement avec devis estimatif, afin que vous puissiez facilement apprécier, dans le cas où vous exigeriez un autre empla-cement de gare que **celui proposé** par la Société, l'excédant de dépenses que le gouvernement aurait à bonifier.

Afin de pouvoir établir la comparaison, j'aurai l'honneur de vous indiquer sitôt que cela me sera possible, les points communs de ces études avec ceux de la Pétrusse.

Vous voyez, Monsieur l'administrateur général, que j'accède aux désirs que vous avez exprimés qu'il vous soit donné des détails estimatifs, mais la Société ne peut renoncer à la faculté qu'elle a de choisir le tracé le moins coûteux pour la ligne du Nord, en admettant même que celle-ci ne s'em-branche pas sur la ligne d'Arlon.

Agréez, etc.

Le délégué spécial,
Signé A. FAVIER.

PIÈCE N° 56.

Luxembourg, le 3 juin 1857.

Monsieur FAVIER, **délégué** *du chemin de fer Guillaume-Luxembourg.*

Par lettre du 15 mars 1856, M. Jouve a présenté au gouvernement le plan et les projets **complets** concernant la ligne de Luxembourg à la fron-tière de France.

Par votre lettre du 20 septembre 1856, vous avez bien voulu me commu-niquer les études concernant le tracé rectifié de la Drosbach.

Ainsi que j'ai eu l'honneur de vous le dire par ma lettre du 17 octobre 1856, je suis disposé à renoncer à cette rectification. Toutefois, avant de prononcer définitivement, je dois vous prier de bien vouloir encore faire examiner, le plus tôt possible, si, tout en renonçant au tunnel indiqué par la commission, il n'y aurait pas moyen d'améliorer le tracé primitif et de raccourcir le parcours.

Vous vous rappelez que ce tracé avait été proposé en vue de raccorder à Hespérange les lignes de Trèves et de France.

Ce projet ayant dû être abandonné et ne devant plus, par conséquent, exercer aucune influence sur le tracé de la ligne de France, il se pourrait que l'amélioration indiquée devînt réalisable, sans une trop grande aggravation de charges.

Il est encore indispensable de ménager entre Fentange et Hespérange un palier d'environ 400 mètres, et situé dans un endroit pouvant être facilement raccordé avec les voies de communication existantes.

La distance de Bettembourg à Luxembourg est trop grande, et la localité de Hespérange, ainsi que les communications qui y aboutissent, sont trop importantes pour que cette contrée puisse rester dépourvue de gare.

Par ma lettre du 21 mai dernier, j'ai prié le Conseil d'administration de faire soumettre le plus tôt possible à l'approbation du gouvernement les projets définitifs de la portion de ligne touchant à la frontière de France, ces projets élaborés conformément à la convention internationale fixant le point de jonction.

De plus, je puis aujourd'hui vous indiquer le piquet n° 54 du projet primitif de la ligne de France (rive gauche de Drosbach) comme le point jusqu'auquel les plans peuvent être arrêtés du côté de Luxembourg.

En conséquence, si vous voulez bien pousser les études en question, les travaux pourront incessamment commencer sur toute la ligne.

Recevez, etc.

Signé DE SCHERFF.

PIÈCE N° 57.

Luxembourg, 3 juin 1857.

M. FAVIER, **délégué** *de la Société des chemins de fer Guillaume-Luxembourg.*

Par ma lettre du 21 mai dernier, j'ai prié le Conseil d'administration de faire soumettre le plus tôt possible à l'approbation du gouvernement les projets définitifs de la portion de ligne touchant à la frontière de France, ces projets élaborés conformément à la convention internationale fixant le point de jonction.

De plus, je puis aujourd'hui vous indiquer le piquet n° 54 du projet primitif de la ligne de France (rive gauche de la Drosbach) comme le point jusqu'auquel les plans peuvent être arrêtés du côté de Luxembourg.

En conséquence, si vous voulez bien pousser les études en question, les travaux pourront incessamment commencer sur toute la ligne de France.

Recevez, etc.

Signé DE SCHERFF.

PIÈCE N° 58.

Luxembourg, 5 juin 1857.

M. **Favier**, **délégué** *des chemins de fer Guillaume-Luxembourg.*

J'ai l'honneur de vous remettre ci-joint copie d'une lettre que je viens d'adresser au Conseil d'administration de la Société royale grand-ducale du chemin de fer Guillaume Luxembourg.

Recevez, etc.

Signé DE SCHERFF.

PIÈCE N° 58 BIS.

Luxembourg, 5 juin 1857.

Au Conseil d'administration de la Société R. G.-D. des chemins de fer Guillaume-Luxembourg.

Le retard qu'ont éprouvé et **qu'éprouveront encore** en partie la fixation des **divers points de jonction** de nos chemins de fer avec les lignes étrangères, le **choix de l'emplacement de la gare de Luxembourg et la détermination du tracé** à suivre pour la ligne de Trèves, a mis les concessionnaires primitifs **dans l'impossibilité** de présenter, dans les délais fixés par l'art. 3 du cahier des charges, des projets complets pour les lignes de France, d'Arlou et de Trèves, et doit influer aussi sur l'exécution des engagements contractés pour l'achèvement de ces lignes.

D'un autre côté, je n'ai pas voulu insister sur la présentation des plans partiels, aussi longtemps que la Société qui a succédé aux concessionnaires n'était pas complétement et définitivement constituée.

Aujourd'hui, Messieurs, votre organisation est complète, des sommes importantes ont été versées; il doit donc vous importer, comme il importe au gouvernement, que les travaux soient poussés avec la plus grande vigueur.

S'il est vrai que toutes les difficultés ne sont pas levées encore, au moins sont-elles aplanies au point de ne plus former obstacle à un grand déploiement de travaux.

Ainsi, **l'emplacement de la gare de Luxembourg n'est pas définitivement fixé**; mais la question est assez élucidée pour qu'il soit possible de fixer des points très-rapprochés de la ville, auxquels doivent nécessairement se rencontrer les lignes partant des différents emplacements proposés.

Le point de jonction avec la France est fixé par la convention que j'ai eu l'honneur de vous communiquer en dernier lieu par ma lettre du 21 mai dernier, en vous priant de me transmettre immédiatement le plan définitif des travaux à exécuter du côté de la frontière.

Du côté du Luxembourg, les plans de la ligne de France ne sont approuvés que jusqu'aux environs de Fentange; mais rien ne s'oppose plus à ce qu'ils soient arrêtés définitivement jusqu'à un point très-rapproché de la ville de Luxembourg.

J'ai l'honneur de vous communiquer ci-joint copie d'une lettre que je viens d'adresser à ce sujet à M. Favier, **votre délégué.**

Quant à la ligne belge, le point de jonction n'est point fixé encore; mais je suis prêt à recevoir communication des plans définitifs concernant la portion de ligne comprise entre l'Eich et le village de Hollerich. Comme on doit faire encore une étude au moins provisoire d'un tracé allant de Strassen au Rollingergrund, je ne puis désigner encore le village de Hollerich comme point de départ *forcé*. Mais rien ne s'oppose à *l'examen* immédiat du tracé de l'Eich à Hollerich, et à *l'approbation* définitive des plans, depuis l'Eich jusqu'au village de *Strassen*.

Pour la ligne de Trèves, les plans définitifs pour la portion Wasserbillig-Olingen, commune à tous les tracés mis en avant, doivent être prêts depuis longtemps. Je désire en recevoir immédiatement communication.

M. le conseiller Hoffmann, chargé par le gouvernement de Prusse de la construction du chemin de fer de Sarrebruck à notre frontière, a bien voulu me promettre d'examiner dans les premiers jours les différents tracés proposés pour la portion Olingen-Luxembourg.

Aussitôt qu'il aura émis son avis, le Gouvernement prendra sa décision, et l'on pourra s'occuper de la confection des plans définitifs.

Afin de prévenir aussi tout retard relativement à la présentation des plans concernant la ligne du Nord, j'ai l'honneur de vous informer qu'il est inutile de s'occuper d'un tracé qui s'embrancherait sur la ligne belge à Strassen, le Gouvernement considérant ce tracé comme aussi contraire aux intérêts du pays qu'à ceux de la Société.

L'établissement d'une gare à Eich, ou à proximité de ce centre industriel important, est indispensable. Il faut encore que cette gare soit aussi rapprochée que possible de celle de Luxembourg, afin de ne pas allonger, pour les établissements desservis par cette gare et par la ligne du Nord, la communication avec la ligne de France. Entre *Mersch et Ettelbruck*, la Société pourra choisir entre les tracés par Bissen et par Cruchten, celui qu'elle préférera. Enfin, les plans de la ligne au delà de Diekirch peuvent être poussés jusqu'à proximité de la frontière nord du Grand-Duché.

A l'égard des nouvelles études qui ont été reconnues nécessaires avant la fixation de la gare de Luxembourg, j'ai prié **M. Favier, votre délégué**, en lui communiquant l'avis émis, le 19 mai dernier, par la commission d'ingénieurs réunie à Luxembourg, d'y faire procéder dans le plus bref délai possible; M. Favier m'informe qu'il a donné, à ce sujet, les ins·

8

tructions nécessaires. J'ai également informé M. Favier que le Gouvernèment considère la production des devis estimatifs comme un élément essentiel de toute proposition à soumettre à son appréciation. On ne peut mieux faire que se conformer exactement, pour la rédaction des plans et projets, au programme annexé à la circulaire du ministre des travaux publics de France, en date du 14 janvier 1850. (*Annales des Ponts et chaussées*, 1850, page 380.)

Recevez, etc.

Signé DE SCHERFF.

═══════════

PIÈCE N° 59.

Nancy, 8 juin 1857.

Monsieur l'Administrateur général des travaux publics à Luxembourg.

Monsieur,

J'ai l'honneur de vous accuser réception de vos lettres 1 et 3 courant, et de vous confirmer la mienne du 26 de l'écoulé.

MM. Barba et Frensdorff **sont à la disposition de M. Hoffmann, pour régler le point de jonction près Wasserbillig. Ils devront aussi indiquer le tracé projeté depuis Olingen a la frontière prussienne.** Quant à la section de Luxembourg à Olingen, il n'est pas possible, vous voudrez bien le reconnaître, de la déterminer avant la fixation de la gare de Luxembourg.

Lorsque, comme concessionnaire primitif, j'ai accepté définitivement la concession de la ligne du Nord, avec faculté d'en choisir le tracé le moins coûteux, il a été convenu verbalement entre nous, Monsieur l'administrateur général, que vous renonceriez à la rectification de la Drosbach par un tunnel ; il ne peut entrer dans ma pensée que vous songiez à revenir sur cette convention. J'ai donné des instructions pour que sur cette base entendue, **de nouvelles études fussent faites en vue d'une amélioration de tracé.**

J'ai l'honneur de vous prévenir aussi que l'on s'occupe activement des projets définitifs vers la frontière française.

Agréez, etc.

Le délégué spécial,
Signé A. FAVIER.

═══════════

PIÈCE N° 60.

Luxembourg, 15 juin 1857.

Monsieur FAVIER, **délégué** *des chemins de fer Guillaume-Luxembourg.*

Par votre lettre du 26 mai dernier, vous m'avez informé que vous aviez donné des instructions pour faire avancer rapidement les nouvelles études concernant la gare de Luxembourg. Je viens vous prier de bien vouloir me communiquer le résultat de vos études en *avant-projet*, aussitôt qu'il sera possible d'établir cet avant-projet.

Cette communication me mettra à même d'instruire la question des fortifications en même temps que l'on s'occupera de faire le projet complet.

Quant au dernier § de la même lettre, par lequel vous revenez sur le soutenement que je croyais abandonné, à savoir que la Société serait en droit de choisir *pour la ligne du Nord* le tracé le moins coûteux, je me réfère à la lettre que j'ai adressée le 5 de ce mois au conseil d'administration, et dont j'ai eu l'honneur de vous communiquer une copie par ma lettre du même jour.

Recevez, etc.

Signé : DE SCHERFF.

PIÈCE N° 61.

Luxembourg, 15 juin 1857.

Monsieur FAVIER, **délégué** *des chemins de fer Guillaume-Luxembourg.*

J'ai l'honneur de vous accuser réception de votre lettre du 8 courant, et de vous communiquer, au sujet des différents points qui y sont touchés, les observations qui suivent :

1° Vous ne m'avez point fait connaître encore les intentions de la Société au sujet de la confection des plans et de la construction du pont à établir sur la Sure, pour relier notre ligne à la ligne prussienne.

2° Je pense que rien ne s'oppose à ce que MM. Barba et Frensdorff accompagnent M. Hoffmann aussi sur la section d'Olingen à Pulvermühle, pour lui expliquer le plan élaboré en dernier lieu, et vous m'obligeriez en voulant bien leur donner des instructions dans ce sens.

Le tracé de la section Olingen-Luxembourg **pourra**, au reste, **être dé-terminé très-prochainement**, au moins jusqu'à un point très-rapproché de Luxembourg, quand même la fixation de la gare devrait encore éprouver quelque retard.

3° En ce qui concerne le tracé de Livange à Luxembourg, j'ai l'honneur de vous informer que ma lettre du 3 de ce mois n'avait pas la portée de demander une rectification par la construction d'un *tunnel*, bien que sous ce rapport je n'aie pas d'autre engagement que celui constaté par ma lettre du 17 octobre 1856.

J'ai simplement voulu vous informer que je ne pouvais pas approuver définitivement votre *premier projet* avant qu'on ait recherché encore le moyen de l'améliorer, et avant qu'on ne l'ait rectifié par l'établissement d'un palier aux environs de Fentange.

Les instructions que vous avez données sont ainsi conformes à mon intention.

4° J'apprends avec plaisir que l'on s'occupe activement aussi des projets définitifs vers la frontière de France.

Je pense que l'échange des ratifications de la convention internationale, dont vous connaissez les stipulations, aura lieu incessamment.

Recevez, etc.

Signé DE SCHERFF.

PIÈCE N° 62.

Nancy, 22 juin 1857.

M. l'administrateur général des travaux publics à Luxembourg.

Monsieur,

En réponse aux deux lettres dont vous avez bien voulu m'honorer le 15 courant, je m'empresse de vous dire que j'ai donné des instructions pour qu'il ne soit fait, **ainsi que vous le désirez, que des avant-projets des études nouvelles** que la commission a demandées. Sitôt qu'ils seront prêts, j'aurai l'honneur de vous les remettre.

La Société n'a jamais entendu renoncer aux droits qu'elle a d'embrancher la ligne du Nord sur celle d'Arlon et de la faire passer par le tracé le moins coûteux.

M. Jurion se souviendra, je n'en doute pas, que je n'ai signé la convention (ligne du Nord), du 9 novembre 1855, qu'à la condition que j'aurais la faculté d'embrancher la ligne du Nord sur celle d'Arlon, afin d'éviter un souterrain sous la ville ou un viaduc trop coûteux, pour gagner Eich.

C'est alors que nous ajoutâmes au § 2 de la convention, **ou s'embranchant sur la ligne de Luxembourg vers Arlon.** Cette rédaction est précise ; **M. Daval, qui était présent,** se rappelle parfaitement cet incident.

Du reste, lorsque pour me conformer à la susdite convention, j'ai eu l'honneur de vous remettre l'avant-projet de la ligne du Nord, **s'embranchant par Strassen,** vous ne m'avez nullement contesté ce tracé, et de plus, la commission militaire de Francfort l'a, **sur votre demande, autorisé.**

Quant à la faculté qu'a la Société de choisir **le tracé le moins coûteux pour la ligne du Nord,** elle est clairement écrite dans la convention, et a été consentie par vous.

C'est une des conditions posées dans ma lettre à M. Jurion, à la suite de
laquelle il est venu à ma campagne, l'automne dernier, jeter les bases de
la convention du 4-28 novembre 1856, et vous avez bien voulu l'admettre.

Permettez-moi donc, monsieur l'administrateur général, d'espérer que
vous serez d'accord avec la Société sur l'interprétation de l'esprit et de la
lettre de ces deux points.

J'attends que vous ayez l'obligeance de me dire si le gouvernement
prussien accepte le **point de jonction que la Société indique près
Wasserbillig.**

Il est convenable, je pense, que la Société laisse à M. Hoffmann, qui repré-
sente un gouvernement, l'initiative d'une proposition à faire relativement à
la construction du pont à établir sur la Sûre.

Ainsi que j'ai eu l'honneur de vous l'écrire le 8 courant, monsieur l'administrateur général, le tracé de Luxembourg à Olingen dépend complète-
ment de l'emplacement de la gare centrale; il n'est donc pas possible de l'indiquer et de le parcourir avant que cet emplacement soit déterminé. J'espère
encore qu'on pourra s'embrancher sur la ligne du Nord vers Lorentzweiler,
en modifiant l'avant-projet que j'ai eu l'honneur de vous remettre il y a
quelques mois, et à l'idée duquel vous avez bien voulu donner votre adhé-
sion. Soyez persuadé que l'on s'occupe très-activement **des nouvelles
études** auxquelles est subordonné l'emplacement de la gare.

Je vous prie d'agréer, etc.

Le délégué spécial,

Signé A. FAVIER.

PIÈCE N° 62 bis.

Du Châlet, 30 juin 1857.

*Monsieur le directeur général des chemins de fer Guillaume-Luxembourg,
à Paris.*

Monsieur,

Votre lettre d'hier, n° 62, me fait part que vous avez reçu de M. de Scherff
l'avis de donner au pont de Bettembourg une largeur de 7 mètres 64 centi-
mètres, au lieu de 7 m. 40, et la proposition de faire examiner s'il n'y aurait
pas lieu de réduire la largeur normale de 8 mètres des travaux d'art non
encore approuvés.

Vous avez cru devoir répondre à ce sujet à M. de Scherff; je le regrette :

c'est vous écarter de la convention que votre Société a faite avec moi. Mais ce qu'il y a de plus fâcheux, c'est que votre réponse, telle que vous me la dites, compromet gravement une des questions les plus importantes des plans **que je suis tenu, vis-à-vis de votre Société, de faire approuver** par le gouvernement Grand-Ducal.

Vous allez le comprendre.

Le gouvernement n'a pas le droit, même avec indemnité, de faire modifier la construction des travaux d'art **dont il a déjà approuvé les plans.**

Par votre réponse, vous lui concédez ce droit. J'exécuterai néanmoins le pont de Bettembourg à 7 m. 40 seulement.

De plus, il ne peut exiger, dans les nouveaux plans à approuver, que les travaux d'art aient 8 mètres de largeur, en raison du précédent, attendu qu'il en a déjà approuvé à 7 mètres 40, et que c'est **la largeur normale de toute la ligne de Paris à Strasbourg, qui est une ligne de premier ordre.** Si, comme vous me le dites, vous avez accepté son offre avec empressement, vous avez évidemment reconnu qu'il avait la faculté d'exiger aujourd'hui une plus grande largeur que celle de 7 mètres 40 déjà adoptée ; vous avez donc compromis, je le répète, très-gravement, mes intérêts, et je ne saurais, à cette occasion, poser des réserves trop précises vis-à-vis de votre Société et protester trop haut contre cette nouvelle immixtion de sa part dans la confection de mes plans.

Je vous prie, Monsieur le directeur général, d'inviter M. de Scherff à s'adresser, à l'avenir, directement à moi, et rien qu'à moi, pour tout ce qui concerne la confection de tous les plans du réseau entier des chemins de fer Guillaume-Luxembourg.

Faites-lui bien savoir que, conformément à nos conventions, votre Société ne doit, directement ou indirectement, officiellement ou officieusement, s'occuper en quoi que ce soit des plans qu'après qu'ils seront approuvés par le gouvernement.

Si votre Société avait agi ainsi dès l'origine, comme je l'avais demandé et comme cela devait être, elle ne se serait pas exposée à ce qui arrive.

Ne perdez pas de vue, Monsieur le directeur général, que l'apport gratuit de mes concessions à votre Société n'a eu lieu qu'à la condition expresse qu'elle resterait complétement étrangère à la confection des plans, condition longuement discutée et acceptée en toute connaissance de cause.

Agréez, Monsieur, etc.

Signé FAVIER.

PIÈCE N° 63.

Luxembourg, 10 juillet 1857.

Messieurs les administrateurs de la Société des chemins de fer
Guillaume-Luxembourg.

Par lettre du 23 mars dernier, vous m'avez informé que le Conseil d'administration de votre Société a délégué M. Favier pour le représenter près le gouvernement grand-ducal, à l'effet de discuter les questions de gare et de tracés.

M. Favier, de son côté, m'a écrit, à la date du 26 avril dernier, qu'il avait été délégué près de moi, « en vertu de l'article 11 de son traité avec la Société, lequel est ainsi conçu : » (suit le texte de l'article.)

J'ai dû répondre à M. Favier, que si j'étais prêt à traiter avec lui la question de la gare, ce n'était pas parce que son traité lui en donnait le droit, **mais parce que le conseil l'avait délégué à ces fins, comme l'article 26, § 1 des statuts** l'y autorisait.

Je n'ai donc eu de rapport avec M. Favier qu'à raison de sa qualité de **délégué de la société**.

Toutefois, je n'ai pas tardé à me convaincre que M. Favier considère les pouvoirs que vous lui avez donnés, non pas comme l'accomplissement d'une mission à remplir dans l'intérêt de la Société et conformément à vos instructions, mais comme un droit qu'il entend exercer en vue de ses intérêts privés et personnels *d'entrepreneur*.

Une pareille situation, contraire à la dignité du gouvernement et aux intérêts de la Société, ne peut se prolonger. J'ai donc résolu de cesser tous rapports avec M. Favier, et de n'en avoir plus qu'avec les organes légaux de la Société.

Veuillez, Messieurs, faire part de cette résolution à M. Favier et prendre note que le gouvernement entend que la Société exécute elle-même les obligations qu'elle a contractées envers le gouvernement.

Comme on examine en ce moment les questions concernant les points de jonction avec les lignes de Trèves et d'Arlon, et que je désire donner à ces questions la solution la plus conforme aux intérêts de votre Société, je vous prie de bien vouloir m'indiquer la personne que je pourrais consulter, le cas échéant, à Luxembourg même, au sujet de ces intérêts.

Recevez, Messieurs, etc.

L'administrateur général des chemins de fer,

Signé DE SCHERFF.

Il est facile de se convaincre que M. Favier a raison, en lisant dans le recueil des documents officiels, page 25, le § 4 du rapport du 1ᵉʳ décembre 1856, des administrateurs généraux, rédigé par M. de Scherff lui-même. Depuis cette époque, la question n'a pas fait un pas, malgré les différentes réclamations de M. Favier.

Voir le § 2 de la convention (ligne du Nord) du 9 novembre 1855.

M. Favier a fait accompagner, dès qu'on l'a demandé, M. Hoffmann, d'Olingen à Wasserbillig, parce qu'il a été reconnu que cette section serait dans tous les cas commune aux différents tracés qui peuvent résulter de l'emplacement de la gare. Mais il n'a pu le faire pour la section de Luxembourg à Olingen, attendu que celle-ci ne peut être déterminée d'une manière précise, que lorsque l'emplacement de la gare sera désigné.

PIÈCE Nº 64.

Luxembourg, 10 juillet 1857.

Lettre de M. de Scherff au Conseil d'administration de la Société royale grand-ducale des chemins de fer Guillaume-Luxembourg.

Messieurs,

En réponse à la communication que j'ai eu l'honneur de vous faire, à la date du 5 juin dernier, relativement aux travaux de nos chemins de fer, M. le directeur général de votre Compagnie vient de m'adresser, sous la date du 3 de ce mois, nº 69, copie d'une lettre du 23 juin qu'il a reçue à ce sujet de votre entrepreneur général, M. Favier. De mon côté, j'ai reçu de M. Favier une lettre, datée du 22 juin, ci-jointe en copie.

J'avais indiqué dans ma lettre du 5 juin les différentes portions de tracés dont les plans définitifs pouvaient être présentés, et sur lesquelles les travaux pouvaient être poussés activement en attendant la fixation définitive de l'emplacement de la gare de Luxembourg.

M. Favier déclare qu'il est impossible de faire les projets définitifs que j'indique avant que l'emplacement de la gare soit déterminé.

J'avais encore déclaré qu'il était inutile de s'occuper, relativement à la ligne du Nord, d'un tracé qui s'embrancherait à Strassen, sur la ligne belge, M. Favier soutient qu'un pareil embranchement forme le droit incontestable de votre Société.

Enfin, j'avais prié M. Favier de faire indiquer sur le terrain à M. Hoffmann, ingénieur en chef du chemin de Trèves à Saarbrüken, le tracé de la ligne de Trèves par Pulfermühl, dont il m'avait communiqué l'avant-projet par lettre du 20 mars dernier, et que par lettre du 12 mai, il m'avait désigné comme tracé proposé par votre Compagnie.

Ceci est trop simple pour avoir besoin d'explication.

M. l'administrateur général fait erreur. Sa lettre du 13 mai et celles des 12 et 15 même mois (de M. Favier) le prouvent suffisamment.

M. Favier fait imprimer un recueil de toute sa correspondance officielle et particulière avec M. Jurion et M. de Scherff depuis deux années, pour démontrer, si cela devient nécessaire, que si les dispositions de quelqu'un ont changé, ce ne sont pas les siennes.

GARE DE LUXEMBOURG.

L'emplacement de la gare à Bourbon, au lieu de Rheinsheim, et la concession définitive de la ligne du Nord, ne peuvent modifier cette supposition d'embranchement de la ligne du Nord sur celle de Belgique, puisque c'est un droit que M. Favier s'est parfaitement réservé en traitant avec M. Jurion, qu'on peut consulter à ce sujet.

M. Favier a *refusé* d'accéder à ma demande, il me parle de son espoir de diriger la ligne de Trèves par Lorentzweiler.

En présence des pouvoirs que vous avez conférés à M. Favier, je suis obligé de considérer ses faits et ses actes comme ceux de votre Société, et comme je ne suis plus dans le cas d'avoir des communications directes avec M. Favier, ainsi que j'ai eu l'honneur de vous le dire par ma lettre de ce jour, n° 15,57, c'est à vous, Messieurs, que je dois adresser directement ma réponse aux prétentions de votre entrepreneur général. C'est encore à vous, Messieurs, comme représentants de la Société substituée aux obligations contractées par MM. Favier et Jouve, que je dois adresser l'expression de mes griefs relatifs aux retards et aux entraves qu'aujourd'hui l'on cherche à apporter à l'exécution de ces obligations.

Je sais qu'en réalité, ces retards ne sont pas le fait de la Société, et je connais la position difficile que le forfait conclu avec M. Favier crée à votre Compagnie; mais en droit, la responsabilité en incombe à la Société, et je compte que vous voudrez user de tous les moyens en votre pouvoir pour mettre fin à un état de choses des plus compromettants.

Je vais passer en revue les différentes obligations qui incombaient et incombent aux concessionnaires, et constater ce qui a été fait et ce qu'on est en retard de faire.

GARE DE LUXEMBOURG.

En présentant dans le délai fixé par le cahier des charges, les projets définitifs de la ligne de France, les concessionnaires avaient proposé pour la gare de Luxembourg un emplacement qui paraissait convenable pour les lignes de France et de Belgique, et qui devait convenir dès lors aussi pour les lignes de Trèves et du Nord, dans la supposition que la première s'embrancherait sur la ligne de France, comme on l'espérait à cette époque, et que la seconde, qui, alors n'était concédée que très-conditionnellement, **s'embrancherait sur la ligne de Belgique.**

Mais cet emplacement rencontrait de graves difficultés, au point de vue de la forteresse et de celui

A cette conférence, M. de Scherff a demandé si, au point de vue stratégique, il n'y avait pas d'inconvénient que la ligne du Nord s'embranchât à Strassen. La commission militaire a déclaré dans le procès-verbal de cette séance, au § 5, que la forteresse **ne s'opposait pas à ce que la ligne du nord s'embranche dans celle d'Arlon, du côté de Strassen pour de là se diriger sur Eich**, et à l'article 11 — **Bourbon — Direction de ligne** — que la forteresse préférerait que le passage de la Pétrusse (lignes **d'Arlon et du nord**) eût lieu en arrière du fort Reinsheim. On constate suffisamment qu'à cette époque le gouvernement admettait le droit des concessionnaires, d'embrancher la ligne du Nord sur celle d'Arlon, près Strassen.

M. Favier a consenti à faire cette étude pour continuer à manifester sa bonne intention d'éclairer la question de la ligne du Nord, mais sans renoncer aucunement au projet d'embrancher cette ligne sur celle d'Arlon, suivant le projet qu'il venait de remettre.

M. Favier est encore à attendre que M. l'administrateur général des chemins de fer veuille bien lui dire, comme il le lui a demandé par sa lettre du **20 mai dernier,** si la gare de Bourbon est **dans des conditions reconnues acceptables, offrant de faire de nouvelles propositions si le gouvernement avait des objections à faire.**

de la ville de Luxembourg. Les conférences de la commission mixte, instituée pour examiner la question, n'aboutirent point; il fallut attendre l'arrivée, à Luxembourg, des inspecteurs de la commission militaire de la Diète germanique, et, à la suite d'une conférence que j'eus avec ces inspecteurs, le 21 septembre 1856, le projet d'établir la gare à Reinsheim dut être abandonné, de même que celui d'embrancher la ligne de Trèves sur celle de France.

Entre temps, je n'avais cessé d'être en pourparlers avec M. Favier, au sujet de la concession définitive de la ligne du Nord, et le nouvel élément important que la chance d'une pareille concession apportait à la question de la gare, ainsi que les difficultés que rencontraient les emplacements de Reinsheim et de Bourbon avaient suggéré à M. l'ingénieur Mauss l'idée d'établir la gare à Clausen, pour procurer un tracé direct pour la ligne du nord. Cette idée fut accueillie avec sympathie au sein de la conférence du 21 septembre, et M. Favier voulut bien se charger d'en faire faire l'étude, qui me fut communiquée dès le 10 octobre suivant.

Le projet de Clausen fut à son tour relégué à cause de l'exiguïté et de la cherté de l'emplacement, à cause des difficultés de la ligne de Trèves, et à cause de l'inconvénient de faire descendre à Clausen, pour les faire remonter ensuite, les convois circulant entre la France et la Belgique.

M. Mauss, tout en conservant l'idée première de son premier projet, fit étudier l'emplacement de la Pétrusse. M. Favier, de son côté, fit mettre à l'étude la gare de Bourbon, avec tracé direct pour la ligne du Nord.

Intervint la convention du 4-28 novembre 1856, qui rendit définitive la concession de la ligne du Nord et reconnut en même temps aux concessionnaires **le droit de proposer un emplacement pour la gare** et le droit d'obtenir une indemnité, dans le cas où le gouvernement exigerait un emplacement autre que celui proposé, *dans des conditions reconnues acceptables par le gouvernement.*

A la date du 25 décembre 1856, MM. Favier et Jouve me remirent de nouvelles études complétant le

M. Favier ne pouvait **que supposer** la gare à Bourbon, puisque le gouvernement **ne voulait pas dire** qu'il accepterait.

M. Jouve n'a exprimé de doutes que sur le passage sous la ville, mais non sur l'emplacement de la gare, dont M. Favier maintient la proposition au nom de la Société.

M. Favier **n'a reçu aucune lettre de rappel**; il n'a connaissance que de celle adressée, le 13 avril, **à la Société** à la suite de laquelle il a confirmé à M. de Scherff, le 12 mai, que la gare Bourbon était celle proposée et à maintenir; que la ligne du Nord s'embrancherait près de Strassen, et dans ce cas, pour se conformer à l'avis de la commission militaire, que la ligne de Trèves se ferait directement, mais pourtant, bien entendu, s'embrancher à Lorentzweiler, comme l'autorisait ladite commission, si la ligne du Nord passait sous la ville.

M. l'administrateur général fait erreur en disant que la lettre du 12 mai dernier, de M. Favier, propose formellement le tracé direct par Pulfermühl.

M. Favier, par sa lettre du 26 mai, a consenti à faire les études indiquées par la commission, mais n'a pas entendu admettre les avis qu'elle a émis, notamment sur le projet de l'embranchement de la ligne du Nord, car la commission ne peut modifier la convention intervenue entre le gouvernement et les concessionnaires; elle doit, au contraire, en tenir compte.

M. Favier, en satisfaisant aux demandes faites par la commission, pensait qu'il devait faire des projets définitifs, afin qu'on pût apprécier justement les dépenses de chaque projet. Ses instructions furent don-

réseau des chemins de fer luxembourgeois, le point de départ supposé du fort Bourbon. Ces études comprennent : la ligne du Nord, se dirigeant par la Pétrusse vers un tunnel passant sous la ville de Luxembourg, sur une longueur de 675 mètres, pour gagner la rive droite de l'Alzette, à Eich ; 2° deux variantes pour embrancher la ligne de Trèves sur celle du Nord, dans la direction de Lingten ou dans celle de Lorentzweiler.

Je ne pouvais considérer la communication de ces études, pas plus que celle des études de Clausen, comme une proposition des concessionnaires, d'abord parce que l'emplacement de Bourbon n'était indiqué que comme une supposition ; ensuite, à raison des doutes exprimés verbalement par M. Jouve sur les convenances de ce travail. Ce n'est qu'à la suite de plusieurs lettres de rappel que je reçus, à la date du 12 mai, une proposition formelle relativement à l'emplacement de la gare. Il est vrai qu'en me faisant cette proposition, M. Favier mit en avant, pour la ligne du Nord, une autre direction que celle indiquée dans les études du 25 décembre 1856. Tout comme dans sa lettre du 22 juin dernier, il mit de nouveau en avant le tracé de Lorentzweiler, pour la ligne de Trèves, après avoir, le 12 mai, formellement proposé le tracé direct par Pulfermühl.

Les propositions faites, le 12 mai, par M. Favier, au nom de votre Compagnie, ont été soumises à l'avis d'une commission d'ingénieurs, qui, à la date du 19 mai, a rejeté le tracé proposé, pour la ligne du Nord et demandé la transformation de la gare en gare de passage, ainsi que la production d'études complètes, avec devis estimatif. M. Favier, à qui l'avis de la commission fut communiqué, m'a informé, à la date du 26 mai, que toutes les instructions étaient données pour que les nouvelles études fussent faites activement et complétement, avec devis estimatif.

Le 15 juin, je l'ai prié de me faire communiquer le résultat de ces études en *avant-projet*, afin de pouvoir instruire la question des fortifications en même temps qu'on s'occuperait de faire le projet complet.

C'est à cette demande que répond la lettre ci-jointe de M. Favier, en date du 22 juin. Je constate en pas-

nées dans ce sens. Dès que la lettre du 15 juin, de M. l'administrateur général, lui fut parvenue, il s'empressa de ne faire faire que des avant-projets seulement. Les études définitives seront faites dès qu'on sera tombé d'accord sur le tracé à exécuter.

Cela n'est pas surprenant, puisqu'il faut le temps de faire ces avant-projets.

M. Favier a immédiatement quadruplé son personnel, ainsi qu'il est facile de le constater, et il ne doute pas que même les ingénieurs du Grand-Duché, qui ont mis six mois à faire l'avant-projet de la Pétrusse, reconnaissent qu'il n'aura pas perdu une minute s'il parvient à présenter les avant-projets précités avant le 10 août prochain, comme il en a l'espoir. Du 25 mai au 10 août, il n'y a que deux mois et demi.

M. Favier aura donc mis toute l'activité et la bonne volonté possibles à satisfaire aux demandes du gouvernement, et il ne peut admettre la responsabilité de retards provenant des vacances de la Diète.

sant que M. Favier se trompe en disant que j'ai demandé qu'il ne soit fait que des avant-projets; j'ai demandé la communication d'un avant-projet, en attendant l'achèvement des projets et des devis complets, et je vous prie, Messieurs, de vouloir bien prendre note que je n'entends nullement renoncer à cette dernière communication.

Depuis cette lettre du 22 juin, je n'ai plus reçu de communication.

Me résumant sur la question de la gare, je dois reconnaître qu'elle a présenté et **présente encore** des difficultés aussi peu prévues par les concessionnaires que par le gouvernement. Je reconnais encore que j'ai rencontré, en 1856, auprès des concessionnaires, les meilleures dispositions pour contribuer à vaincre ces difficultés. Mais alors que l'étude de Clausen a pu être terminée en moins de trois semaines, je suis étonné qu'après six semaines d'attente je n'aie pas encore pu obtenir l'avant-projet des études demandé par l'avis du 19 mai. La question est brûlante, parce que la Diète, qui doit y statuer en dernière analyse, va incessamment entrer en vacances pour trois ou quatre mois, et vous comprenez, Messieurs, qu'en présence de la tendance manifestée par M. Favier de subordonner la communication des projets définitifs, et par conséquent le commencement des travaux, à la solution de la question de la gare, je ne puis pas consentir à ce qu'il ajourne encore à sa volonté les éléments de cette solution.

LIGNE DE FRANCE.

Les plans définitifs de cette ligne ont été présentés au gouvernement dans le délai stipulé par le cahier des charges, mais ils n'ont pu être approuvés qu'en partie par l'arrêté du 7 mai 1856, parce que, d'une part, la portion frontière devait être réservée jusqu'à la fixation du point de jonction, et que, d'autre part, la portion du côté de la ville restait subordonnée à la fixation de la gare, et à de nouvelles études demandées pour le tracé de la Drosbach.

Ma lettre du **21 mai dernier,** transmissive de la convention conclue avec le gouvernement français, vous a mis à même et en demeure de fournir les

Le 16 juillet, M. Favier a adressé à M. l'administrateur général des chemins de fer lesdits plans, dont il n'a pas encore l'accusé de réception.

M. Favier ignore ces demandes et avis, dont il ne peut, comme délégué spécial, accepter les conséquences.

La largeur normale n'est que de 7 mètres 40.

Si cette approbation tarde, M. Favier est tout disposé à suspendre complétement les travaux.

M. Favier n'a point de souvenir de ces explications verbales.

L'on s'en occupe effectivement, mais si M. Favier n'a pu les remettre plus tôt, c'est que ses ingénieurs sont surchargés par les études de la gare.

M. l'administrateur général comprendra facilement qu'avec la meilleure volonté, quoique le personnel de M. Favier soit très-nombreux, il n'est pas possible de tout faire à la fois.

plans définitifs de la partie frontière, je suis encore sans réponse sur cet objet. Cependant la communication demandée doit être facile, puisque les travaux déjà en cours d'exécution supposent l'existence de plans. Elle est augmentée à raison des questions que peut présenter l'approbation de ces plans pour la largeur du tunnel et à raison du délai stipulé pour l'achèvement de la ligne. Par ma lettre du 15 juin dernier, je me suis déclaré disposé à examiner, sur votre demande et votre avis, la question de réduction de la largeur normale de 8 mètres pour les travaux d'art. Mais il ne faut pas que l'examen de cette question apporte le moindre retard à l'exécution des travaux. Si elle n'est pas résolue au moment où l'on commencera à élargir la galerie centrale du tunnel, je serai forcé de m'en tenir à la largeur normale de 8 mètres ; du reste il est grandement temps de régulariser la situation ; aujourd'hui on travaille sur la portion frontière, bien que les plans ne soient pas approuvés, mais il peut arriver d'un jour à l'autre qu'il faille les arrêter pour s'assurer d'abord de l'approbation du gouvernement.

Les études relatives à la rectification de la Drosbach m'ont été communiquées le 20 septembre 1856 avec l'observation que les concessionnaires ne croyaient pas devoir donner la préférence au tracé rectifié, à raison de son exécution trop coûteuse. Par ma lettre du 17 octobre, je les ai informés que j'étais disposé à renoncer à cette rectification.

A raison des explications verbales échangées à cette occasion, je m'attendais à recevoir un travail tendant à rectifier cette portion du traité par un moyen moins coûteux qu'un tunnel. Aucune proposition ne m'étant parvenue à ce sujet, j'ai dû la provoquer par ma lettre du 3 juin dernier, adressée à M. Favier, et dont je vous ai communiqué une copie avec celle que je vous ai adressée le 5 juin. On me dit que l'on s'occupe de cette étude, que j'attends avec la plus vive impatience.

Quant à la gare, elle n'est pas fixée encore, mais ma lettre du 6 juin a indiqué à M. Favier un point très-rapproché de la ville jusqu'auquel les plans peuvent être arrêtés.

Cette contestation est très-inexacte, on peut en avoir la preuve par les états de travail du chef de section.

M. Favier a pris l'engagement de terminer les travaux dans les délais du cahier des charges, et il n'y manquera pas.

M. Favier est tout prêt à prouver que ce retard a été indépendant de sa volonté, les nombreuses lettres qu'il a écrites à ce sujet le constatent.

Il me reste à vous dire, Messieurs, que les travaux se poursuivent sur la portion de la ligne de France, dont les plans sont approuvés, et du côté de la frontière. **Le mode d'exécution des travaux paraît satisfaisant**, mais ils comporteraient une bien plus grande activité. Lors de la dernière inscription on a trouvé 113 ouvriers et 41 tombereaux.

Me résumant au sujet de la ligne de France, je reconnais que les concessionnaires ont été en règle pour la présentation des plans et le commencement des travaux.

J'attends la communication des plans définitifs de la portion frontière et les études de rectification de la portion Luxembourg.

Dès que cette communication me sera parvenue, je pourrai me prononcer sur l'approbation des plans de toute la ligne, et les travaux pourront commencer sur toute son étendue.

LIGNE DE BELGIQUE.

Aux termes de l'article 3 du cahier des charges, les plans définitifs de la ligne de Belgique doivent être présentés avant la fin du mois de juillet 1856, rien n'est présenté jusqu'à ce jour.

Un point de jonction avait été convenu en 1854 avec le gouvernement belge.

Les concessionnaires de nos lignes, y ayant trouvé des inconvénients, nous avons fait des démarches pour obtenir du gouvernement belge des modifications.

Le projet de modification proposé par nos concessionnaires m'a été présenté le **3 août 1856**.

Le gouvernement belge a consenti à examiner de nouveau la question.

Une première réunion avec les représentants de la Compagnie belge a eu lieu le 7 novembre 1856, dans laquelle ceux-ci ont pris l'engagement de faire de nouvelles études. Ces études n'ont été communiquées que le 27 juin. Le point de jonction proposé par les ingénieurs belges a paru satisfaisant. On est tombé d'accord que les employés des deux Compagnies feraient immédiatement sur le terrain les opérations

M. Favier ne peut, ainsi qu'il a eu l'honneur de l'écrire à différentes reprises à M. l'administrateur général qui l'a compris, faire faire les projets définitifs de la ligne d'Arlon que lorsque le point de jonction près Steinfort et l'emplacement de la gare de Luxembourg seront définitivement fixés.

La ligne d'Arlon n'a que 18 kilomètres de longueur n'ayant jusqu'à présent ni tête ni queue; est-il possible de la déterminer? **Le simple bon sens répondra que non.**

M. Favier ne peut répondre à ce paragraphe que par celui n° 4, page 25, du Rapport au prince Henri (pièce n° 39).

Même réponse que ci-dessus.

nécessaires pour rattacher ce point aux projets vers Luxembourg et Arlon.

Je dois admettre que ce travail est en cours d'exécution, et que dès lors la question du point de jonction avec la Belgique recevra une solution entièrement satisfaisante pour notre ligne.

Comme pour toutes les autres lignes, le point d'arrivée de la ligne de Belgique reste subordonné au choix de l'emplacement de la gare.

Mais, ainsi que je vous l'ai déclaré par ma lettre du 15 juin, rien n'empêche la présentation des plans définitifs jusqu'au village de Hollerich. J'ajouterai que, du côté de la Belgique, ces plans peuvent être achevés jusqu'à la frontière, car il n'est pas à prévoir que l'approbation par les deux gouvernements, du point de passage, convenu entre les deux compagnies, éprouve la moindre difficulté.

Je n'admets en aucune manière les prétentions de M. Favier, de faire dépendre la présentation des projets définitifs de la détermination de l'emplacement de la gare. **Le simple bon sens indique plutôt que c'est le contraire qui est vrai.**

Le cahier des charges ne subordonne à aucune condition le cours des délais qu'il fixe pour la présentation des plans. Ce délai est expiré depuis (longtemps) bientôt un an. Rien n'a été présenté.

J'insiste donc de la manière la plus formelle pour que la Compagnie remplisse les obligations qui lui incombent.

LIGNE DE TRÈVES.

Les plans définitifs de la ligne de Trèves devaient être, aux termes de l'article 3 du cahier des charges, présentés avant la fin du mois de novembre 1856. Rien n'est présenté.

Je reconnais que pour la portion de Luxembourg-Olingen il y avait une difficulté réelle.

Lors de la convention du 9 novembre 1855, le gouvernement avait promis de faire des efforts pour obtenir que la ligne de Trèves puisse s'embrancher à Hespérange sur celle de la France. Peu de temps après, l'on se convainquait que cette combinaison ne trouverait l'appui, même des autorités militaires les mieux disposées, que sous condition de faire arriver à Luxembourg tous les convois circulant entre Trèves et la France, et de leur imposer ainsi un détour de près de 10 kilomètres. Plus tard il a fallu abandonner complétement cette combinaison. On a mis alors à l'étude : 1° le tracé par le Neudorf; 2° les tracés par Lorentzweiler ou par Lintgen; 3° un tracé par Dommeldange; 4° le tracé par Pulfermühl et Hamm.

Ces études ont naturellement pris beaucoup de temps. Nous n'avons pas à les regretter, parce qu'elles ont servi à élucider une des questions les plus délicates.

M. Favier ne voit pas que par sa lettre du 12 mai il ait proposé le tracé par Pulvermühl et Hamm, au contraire. (Voir la lettre du 13 mai de M. l'administrateur général, et celles des 12 et 15 mai, de M. Favier.)

Je prends acte de la déclaration que M. Favier a faite au nom de votre Société, par lettre du 12 mai, qu'elle propose pour la ligne de Trèves le tracé direct, c'est-à-dire celui indiqué sub 4° ci-dessus. Dès le 13 mai j'ai informé M. Favier que les études de cette ligne pouvaient être poussées jusqu'à l'entrée du vallon de Ham, au delà du passage de l'Alzette; à partir de ce point, le tracé y compris la direction du passage de l'Alzette, restent subordonnés au choix de l'emplacement de la gare, puisqu'il y a lieu de passer à l'intérieur ou à l'extérieur du fort Neyperg, selon que l'on choisira Bourbon ou Pétrusse. M. Favier, pour motiver son refus de faire indiquer par ses ingénieurs le tracé d'Olingen-Luxembourg, avance que ce tracé dépend de l'emplacement de la gare de Luxembourg.

Je n'admets cette prétention, pas plus pour la ligne de Trèves que pour celle d'Arlon et j'insiste pour que la Compagnie remplisse sans retard ses obligations, aujourd'hui que la difficulté qui avait pu motiver les retards antérieurs a complétement disparu.

Aucune de ces difficultés n'a disparu, la situation reste la même.

Afin de prévenir tout malentendu, j'indique le piquet 31 du projet Frensdorff, cote 293, 120 des rails, comme le point auquel doit aboutir le tracé, ce point étant commun aux deux projets de gare.

S'il existe des motifs suffisants pour justifier le retard éprouvé pour la présentation des projets définitifs de la portion de ligne Luxembourg-Olingen, il n'en existe pas pour justifier la non-présentation des projets de la portion Olingen-Wasserbillg, cette portion étant commune à tous les tracés mis en avant pour la portion Luxembourg-Olingen.

M. Favier ignore complétement qui a pu avancer ces faits et ne peut les confirmer. Il a, au contraire, dit encore à Luxembourg, il y a deux mois, à M. l'administrateur général, que ces plans n'étaient point terminés. On s'en occupe très-activement; dès qu'ils seront suffisamment étudiés, M. Favier promet de les remettre.

Cette question est toute réservée par M. Favier, qui est tout prêt à la discuter dès que M. l'administrateur général lui en exprimera le désir.

M. Favier ne peut admettre cette conclusion; la Société a le droit d'appliquer des pentes et rampes de $0^m,015$.

M. Favier n'était pas tenu de faire les nouveaux projets indiqués par la Commission; il a bien voulu s'en charger sur la demande du gouvernement, dans le but de hâter la solution de la gare. Il a concentré la majeure partie de son personnel sur ces études, et, par suite, a dû suspendre celles de la ligne du Nord. Si M. l'administrateur général n'a pas l'intention de tenir compte de tout le temps perdu pour la ligne du

Depuis le commencement de l'année, on dit que les plans définitifs sont terminés, et on m'en annonce la présentation immédiate. Dans une tournée récente que j'ai faite avec M. le conseiller Hoffmann et les ingénieurs du gouvernement en société des ingénieurs de M. Favier, j'ai eu l'occasion de me convaincre que le plan général de cette ligne était terminé. M. Hoffmann a eu l'obligeance d'indiquer quelques points paraissant susceptibles de rectification ou au moins d'explication. Selon les ingénieurs de M. Favier, les plans de détail de quelques ouvrages d'art ne seraient pas entièrement terminés. Pour prévenir des retards ultérieurs, je consens à recevoir communication des projets définitifs, lors même que quelques plans de détail ne pourraient être communiqués qu'un peu plus tard.

La question du point de jonction avec le chemin prussien, bien que non résolue encore par une convention, ne souffre cependant aucune difficulté. Il n'y a qu'une seule jonction possible, celle au moyen d'un pont commun à établir sur la Sûre, à son embouchure dans la Moselle, en aval du pont de Wasserbillig.

L'échange des convois devant avoir lieu sur notre territoire, il faudra établir en amont de Wasserbillig une gare dans des proportions qui répondent à l'importance du service (celle indiquée par M. Favier est évidemment insuffisante). Il faut, de plus, que cette gare d'échange soit abordable pour les convois prussiens, c'est-à-dire que la rampe du pont, jusqu'à la gare projetée à 0,009, soit réduite à 0,005 au plus, la ligne de Sarrebrück-Wasserbillig ne présentant que des rampes maximum de 0,004.

LIGNE DU NORD.

Le 20 septembre 1856, M. Favier m'a communiqué l'avant-projet de la ligne du Nord; il a ainsi satisfait à l'obligation contractée par la deuxième convention du 9 novembre 1855.

Aux termes de la convention du 4-28 novembre 1856, la Société aura à me communiquer, avant le 1er septembre prochain, les plans et projets complets de cette ligne.

10

Nord par les études supplémentaires, M. Favier suspendra immédiatement celles-ci pour reprendre celles-là. M. Favier demande une prompte réponse à ce sujet, afin d'agir dans le sens qui conviendra le mieux à M. l'administrateur général.

La réponse à toutes ces considérations de fait est que les ingénieurs le plus haut placés ont toujours préféré des tracés détournés, mais à ciel ouvert, à des tracés directs par des tunnels, *avec fortes rampes*.

Du reste, ne voit-on pas à la porte du grand-duché un détour d'environ 8 kilomètres sur l'embranchement de la ligne de Thionville au départ de Metz, pour éviter un travail d'art bien moins important que le tunnel sous la ville de Luxembourg?

M. Favier ne peut à ce sujet que confirmer sa lettre du 22 juin dernier à M. l'administrateur général,

Par ma lettre du 5 juin dernier, j'ai eu l'honneur de vous informer qu'il est inutile de s'occuper d'un tracé qui s'embrancherait sur la ligne belge, à Strassen.

Dans la lettre qu'il m'a adressée le 22 juin dernier, et dans celle qu'il vous a adressée le lendemain, M. Favier soutient que le tracé par Strassen est le meilleur et que la Société est en droit de le choisir.

Pour terminer, une fois pour toutes, la discussion sur cette question, j'aurai l'honneur de vous dire comment je l'envisage en fait et en droit.

En fait :

Si nous prenons pour point de départ la gare de Bourbon, proposée par M. Favier, et si nous comparons le tracé par Strassen avec celui indiqué par l'ingénieur Frensdorff (passage ou tunnel sous la ville), nous trouvons : 1 que le tracé par Strassen est plus long que le tracé Frensdorff, de 5,874 mètres ; 2º que par le tracé Frensdorff on monte en tout 4,301 mètres, pour descendre de 31,558 mètres ; 3º que le tracé Frensdorff permet l'établissement d'une gare à Eich, centre industriel des plus importants, tandis que le tracé Strassen passe à 27 mètres au-dessus de ce village; 4º que le tracé Frensdorff passe sur la rive droite de l'Alzette, dans les meilleures conditions, et près des villages les plus riches, tandis que le tracé Strassen passe sur la rive gauche, dans une ligne sinueuse et loin des villages.

En prenant pour point de départ la gare de la Pétrusse, le détour par Strassen est de 6,700 mètres, la hauteur à franchir en perte de 34^m,55.

L'avis émis le 19 mai par la compagnie d'ingénieurs réunie à Luxembourg rejette complétement le tracé par Strassen, mais il admet l'étude d'un tracé intermédiaire passant par le Rollingergrund et la Mülhbach.

C'est surtout pour m'assurer jusqu'à quel point ce tracé (qui exige un tunnel en avant du fort de Reinsheim) est admissible sous le point de vue militaire, que j'ai demandé la communication d'un avant-projet des études nouvelles dont M. Favier s'est chargé.

En droit :

La deuxième convention du 9 novembre 1855 concède à M. Favier la ligne du Nord, partant de la

laquelle est restée sans réponse, et où il est dit :
(Voir la pièce n° 62.)

Comment concilier ces deux prétentions de M. l'administrateur général? D'une part, il dit que la Société est tenue de lui remettre dans un mois les projets définitifs de la ligne du Nord, et d'autre part il veut avoir la faculté d'en fixer le tracé.

Comme jusqu'à ce jour il n'a fixé aucun tracé pour cette ligne, c'est qu'évidemment il reconnaît n'en pas avoir le droit.

M. de Scherff a bien voulu me dire, il y a deux mois, à Luxembourg, que je pouvais compter qu'il interpréterait loyalement les conventions. Je n'en ai jamais douté. Aussi dois-je supposer que la mémoire lui fait défaut à l'occasion de cette rédaction : *pour gagner le sommet des Ardennes.*

Jamais il n'y a eu connexion entre ces deux conditions : 1° *le tracé le moins coûteux;* 2° *gagner le sommet des Ardennes.* (Voir pour s'en convaincre le n° 6 de ma lettre particulière du 3 octobre 1856 à M. Jurion qui pose les diverses conditions auxquelles M. Prost consent à faire le capital.)

Ce n° 6 dit nettement : « *La Compagnie aura la faculté d'adopter le tracé le moins coûteux pour la ligne du Nord,* » et ne parle nullement du passage des Ardennes. Je ne doute pas un instant que M. l'administrateur général et M. Jurion reconnaîtront que cette condition a dès le début été admise dans toute son acception, et que si la rédaction définitive est peu claire, cela ne peut provenir que de l'obligation où M. de Scherff a été de la faire en trop grande hâte.

M. Favier maintient donc que la Société a la faculté d'embrancher la ligne du Nord près Strassen et d'en choisir le tracé le moins coûteux.

M. l'administrateur général a été à cette occasion bien mal renseigné. En communiquant un projet de réseau à la Société, M. Favier a eu soin de dire que ce projet était loin d'être celui qui serait adopté, et qu'il voulait éviter le souterrain sous la ville, dont l'étude n'a été faite qu'en vue de satisfaire aux exigences militaires dans le cas où l'on aurait embranché la ligne de Trèves sur celle du Nord par Lorentweile ou Lintgen. Il est évident que si cette dernière com-

station de Luxembourg *ou* s'embranchant sur la ligne de Belgique. M. Favier s'engage à exécuter cette ligne sous les clauses et conditions du cahier des charges.

L'art. 1ᵉʳ du cahier des charges porte : « que les » chemins seront construits suivant le tracé qui sera » fixé par *l'administration du grand-duché.* »

Donc il appartient à l'administration et non pas aux concessionnaires de choisir entre les deux alternatives prévues par la concession.

M. Favier invoque encore la convention du 4/28 novembre 1856, art. 1ᵉʳ, § 2, deuxième alinéa. Cette disposition prise à la lettre accorde aux concessionnaires la faculté d'adopter le tracé le moins coûteux *pour gagner le sommet des Ardennes,* rien de plus.

Je reconnais cependant qu'elle avait pour but **principal** de permettre à M. Favier de choisir pour la portion Mersch-Etelbrück, le tracé par *Cruchten* de préférence à celui par *Bissen. Jamais* il n'a été question d'appliquer cette disposition à la sortie du Luxembourg, et M. Favier savait si bien que la concession définitive du Nord entraînerait pour lui l'obligation d'un tracé direct, que le premier projet qu'il me présente après la conclusion de la convention a précisément pour objet ce tracé direct.

Je n'ai pas besoin d'insister plus longuement sur le point de droit, parce que les considérations de fait que j'ai indiquées ci-dessus démontrent en suffisance que sur cette question il doit y avoir identité de vues et d'intérêts entre le gouvernement et la Société.

Toutefois, connaissant les rapports particuliers qui existent entre M. Favier et la Société, je crois devoir vous communiquer une dernière considération tendant à vous donner la conviction qu'il n'existe pas même de motif *d'équité* qui pourrait vous engager à sacrifier l'intérêt de la Société à celui de votre entrepreneur; lorsque vous avez négocié le forfait du 4 janvier dernier, vous aviez sous les yeux des plans et des devis estimatifs.

Ces plans évidemment sont ceux présentés au gouvernement le 25 décembre 1850. Or ces plans comprennent le *tracé direct* pour la ligne du Nord. Donc M. Favier est *payé* pour exécuter ce tracé direct. Je

binaison était acceptée, elle présenterait sous le point de vue d'économie de grands avantages même en passant sous la ville.

La seule réponse à faire à tout ce résumé est de citer simplement le § 4 du rapport du 1ᵉʳ décembre 1856, du conseil des ministres, rédigé par M. de Scherff, lequel est ainsi conçu (voir page 25 du *Recueil des documents officiels*) :

« Les concessionnaires ont loyalement exécuté les » obligations, etc. . . . .
» . . . . »

L'avant-projet de la ligne du Nord est déposé.

Nota. L'avant-projet dont il est question à la fin du paragraphe indique le tracé d'embranchement par Strassen, lequel a parfaitement été accepté par le gouvernement, puisque non-seulement il en a admis le détail estimatif, mais que peu de temps après il en a donné la concession à M. Favier avec 3 millions de subvention, en déclarant que ce dernier avait exécuté loyalement ses obligations.

M. Favier a proposé en dernier lieu, pour satisfaire à de nouvelles exigences, un emplacement de gare sous le fort Bourbon. Une commission a, sans se préoccuper des conventions intervenues entre le gouvernement et les concessionnaires (ceci, sans doute,

pense qu'il est inutile que je pousse le raisonnement plus loin.

Messieurs,

Je résume les observations qui précèdent, et je conclus :

Les concessionnaires sont en retard de fournir :

1º Les plans de la ligne de Belgique ;

2º Ceux de la ligne de Trèves, portion Olingen-Wasserbillig.

Ils sont en demeure de fournir les plans :

1º De la gare rectifiée ;

2º De la ligne de France, portion de frontière ;

3º De la ligne de France, portion Luxembourg ;

4º De la ligne de Trèves, portion Luxembourg-Olingen ;

5ᵉ Du point de jonction belge rectifié.

Ils *auront* à fournir, avant le 1ᵉʳ septembre, les plans définitifs de la ligne du Nord.

Pour justifier les retards passés, peut-être pour en motiver de nouveaux, votre entrepreneur général prétend qu'il est impossible de faire les projets définitifs avant que l'emplacement de la gare soit déterminé. Cette prétention est contraire au cahier des charges ; elle est contraire **à la raison.**

J'ajouterai cette observation :

La Société est obligée envers le gouvernement à fournir les plans. Pour pouvoir justifier le retard par l'incertitude qui plane sur la question de la gare, il faudrait que cette incertitude fût le fait du gouvernement ; et pour que le gouvernement fût en retard, il faudrait que ce fût lui qui eût à indiquer l'emplacement de la gare. Le veut-on ? Le soutient-on ? Je demande une explication catégorique sous ce rapport.

Il va sans dire qu'en renonçant à son droit de proposition, la Société renonce aussi au droit éventuel, à l'indemnité prévue par l'art. 2, § 1ᵉʳ, 2ᵉ alinéa de la convention du 4 (28) novembre 1856. Veut-on, au contraire, conserver ce droit ? Que l'on se hâte alors de présenter un projet de gare dans des conditions acceptables. Votre entrepreneur sait ce qui a été demandé sous ce rapport ; il a promis de nouvelles études ; mais il n'en a encore communiqué le résul-

faute d'avoir connaissance des documents officiels), demandé que de nouvelles études fussent faites. Cette commission pourra apprécier, lorsqu'elle en fera l'examen, si M. Favier a mis à faire faire ce nouveau travail le mauvais vouloir qu'on lui attribue. Le gouvernement ne peut, en conscience, imputer à la Société et à M. Favier aucun retard. Jamais il n'a voulu indiquer ce qu'il fallait pour qu'une gare fût dans des conditions **reconnues acceptables**.

M. Favier prie M. l'administrateur général de vouloir bien s'expliquer une fois seulement, mais pour toutes, afin qu'il puisse s'y conformer, ainsi qu'il l'a **encore** demandé en dernier lieu, par sa lettre du **15 mai dernier** à laquelle M. l'administrateur général répondit simplement, le 22 mai, que pour se prononcer sur « *l'acceptabilité,* » il fallait que la question fût instruite sous toutes ses faces.

De quelle inaction M. l'administrateur veut-il parler? M. Favier fait travailler partout où cela est possible.

tat, pas même en avant-projet. Ce n'est donc pas le gouvernement qui est en retard.

Le gouvernement a laissé et il laisse encore aux concessionnaires la latitude d'user de leur droit de proposition.

La gare de Reinsheim reconnue inacceptable, on leur a laissé la faculté d'en proposer une autre; depuis, on les a admis à faire des études tendantes à rendre acceptable la gare de Bourbon.

Mais il y a un terme à tout, et je déclare à la Société :

1° Que le droit de proposition sera *épuisé* par la nouvelle proposition que j'ai demandée et que j'attends avec impatience;

2° Que si cette proposition ne me parvient pas dans un très-bref délai, je dois admettre que l'on *renonce* au droit de proposition.

Il me reste, Messieurs, à appeler votre très-sérieuse attention sur l'urgence extrême qu'il y a à commencer les travaux sur toutes les lignes, et à leur donner une grande impulsion.

Je n'ai pas besoin de parler de l'intérêt de votre entreprise; autant et plus que moi, vous êtes à même d'apprécier ce qu'il exige, et combien il peut être compromis par le moindre retard. Mais je dois vous informer que l'inaction dans laquelle on reste cause une vive inquiétude dans le pays, comme auprès de nos voisins. Il y aura des discussions aux États dont l'assemblée sera réunie prochainement. Nous aurons des réclamations de la part des autorités militaires et de la part de la Belgique. Le gouvernement prussien déjà refuse de s'occuper de la continuation de notre ligne du Nord, aussi longtemps que rien ne se fait par la ligne de Trèves. Ce sont des difficultés pour le gouvernement et qui rejailliront sur la Société.

Enfin je dois vous parler des obligations de la Société envers le gouvernement.

Les lettres privées annexées à la convention du 9 novembre 1855 et qui ont reçu une nouvelle consécration par l'article 2, § 4 de celle du 4, 28 novembre 1856, vous obligent à terminer la ligne d'Arlon à Trèves avant le *20 juin* 1859, si la ligne prussienne

Déjà, à la date du 3 décembre 1855, M. Favier pressait le gouvernement d'indiquer sans retard les points de jonction avec la France, la Belgique et la Prusse. M. Jurion, alors administrateur général, lui répondit, le 6 décembre 1855, ce qui suit :

« Luxembourg, le 6 décembre 1857.

» Monsieur Favier,

» Par votre lettre du 3 de ce mois, vous me signalez qu'il est urgent que le gouvernement grand-ducal vous fixe sans retard les points où les trois lignes de chemin de fer concédées devront aboutir aux frontières belge, française et prussienne, afin que vous soyez à même de soumettre les études définitives dans les délais voulus.

» J'ai l'honneur de vous faire remarquer à ce sujet que les délais d'achèvement ne courent **qu'à dater de l'approbation des plans et de la détermination définitive des points** de jonction aux frontières avec les lignes étrangères correspondantes ; c'est ce que dit l'article 2 du cahier des charges.

» Les plans complets détaillés pour les lignes vers Arlon, Thionville et Trèves doivent sans doute être présentés dans les délais de l'article 3, et **il se conçoit que les plans ne peuvent être complétés avant la détermination des points de jonction.** »

M. Favier a remis ses avant-projets, et depuis a maintes fois renouvelé sa demande. On lui doit, M. de Scherff voudra bien le reconnaître, d'avoir est achevée à cette époque. Or en Prusse on compte positivement achever en deux ans de temps. J'ai déclaré aux concessionnaires primitifs qu'il leur serait tenu compte, relativement à l'engagement pris pour l'exécution de la ligne de Trèves, du temps perdu à la suite des difficultés que rencontrait notamment la fixation du tracé de cette ligne. J'ai rappelé cette déclaration dans la lettre que je vous ai adressée le 5 juin dernier.

Mais je vous prie de remarquer, messieurs : 1° que le retard qui peut motiver une prolongation de délai ne porte que sur la portion Luxembourg-Olingen ; qu'ainsi l'engagement subsiste dans son intégralité pour la portion Olingen-Wasserbillig et pour la ligne de Luxembourg-Arlon ; 2° que c'est au gouvernement qu'il appartient de déterminer la prolongation de délai que peut motiver le retard de la fixation du tracé Luxembourg-Olingen, et qu'en promettant de tenir compte du temps perdu, j'ai exprimé aussi la conviction que les concessionnaires contribueraient par leur zèle à le racheter. Les résolutions du gouvernement dépendent ainsi grandement de la manière d'agir des concessionnaires, et que l'on ne croie pas que la promesse du gouvernement de tenir compte de difficultés réelles donne le droit d'invoquer des difficultés imaginaires, ni celui de retarder *ad libitum* l'exécution des engagements contractés.

Les concessionnaires primitifs ont montré, en présence de circonstances difficiles, un zèle que je me plais à reconnaître ; aussi le gouvernement a-t-il tenu compte des mécomptes qu'ils ont éprouvés dans l'espoir d'une prompte formation d'une Société, et ces difficultés inattendues qu'ont rencontrées la question de la gare et celle du tracé de Trèves et celle de la jonction avec la France. On ne les a pas pressés. Votre Société également, qui a succédé aux concessionnaires primitifs, a eu à vaincre des difficultés inhérentes à toute nouvelle entreprise. Le gouvernement en a attendu la solution.

Depuis six mois il n'existe plus de difficultés pour les concessionnaires primitifs ; depuis six semaines il n'en existe plus pour votre Société. Le temps des atermoiements est donc passé.

tout récemment hâté personnellement de beaucoup la solution du point de jonction à la frontière française.

(Voir sa lettre particulière du 15 mars 1857 à M. de Scherff.) Pièce n° 42.

Impossible de satisfaire à la demande de M. l'administrateur général avant que l'emplacement de la gare de Luxembourg et les points de jonction avec la Belgique et la Prusse soient déterminés.

J'ai l'honneur de vous prier, messieurs, de bien vouloir me faire parvenir, dans le plus bref délai possible, une déclaration catégorique au sujet de l'époque à laquelle la Société compte :

1° Me communiquer les plans qui restent à fournir ;

2° Commencer les travaux sur les lignes de Trèves et d'Arlon ;

3° Achever les travaux sur ces deux lignes et sur celle de France.

Agréez, messieurs, etc.

L'administrateur général des chemins de fer,

Signé DE SCHERFF.

PIÈCE N° 65.

Du Chalet, 16 juillet 1857.

Monsieur l'administrateur général des chemins de fer, à Luxembourg.

Monsieur,

J'ai l'honneur de vous confirmer ma lettre du 22 juin dernier, et de vous annoncer que je vous adresse ce jour par chemin de fer, en grande vitesse, un carton contenant :

1° Le plan général.

2° Le profil en long.

3° Les profils en travers.

4° La coupe du souterrain.

5° Le dessin de l'aqueduc à construire au profil n° 392.

6° Le mémoire explicatif.

Le tout relatif à la partie comprise entre l'origine **de la tranchée d'amont du souterrain de Dudelange et la frontière française.**

Veuillez bien m'en accuser réception.

Agréez, etc.

Signé A. FAVIER,

délégué spécial.

PIÈCE N° 65 bis.

Du Chalet, 23 juillet 1857.

Monsieur le marquis D'ALBON, *à Paris.*

Monsieur le marquis,

Par la lettre n° 36, que vous m'avez fait l'honneur de m'adresser le 16 courant, vous voulez bien me dire que, *conformément à mon désir*, vous avez *communiqué* à M. l'administrateur général des chemins de fer ma lettre du 30 juin dernier, et vous m'envoyez sa réponse.

Permettez-moi, Monsieur le marquis, de vous faire observer de suite que ma susdite lettre était à l'adresse de M. le directeur général de votre Société et non à l'adresse de M. l'administrateur général des chemins de fer.

Passant à ce qui fait l'objet de la lettre de ce dernier, voici ma réponse, que vous pourrez lui communiquer, si vous le jugez convenable.

La Société a le **droit**, et non **l'autorisation seulement**, de me déléguer près le gouvernement.

M. l'administrateur général des chemins de fer me l'a écrit lui-même, le 1er mai dernier.

En me déléguant, elle exécute parfaitement elle-même les obligations qu'elle a contractées envers le gouvernement.

La Société m'a confié un mandat **que je saurai remplir loyalement, dans ses intérêts comme dans les miens.** Je le lui ai déjà prouvé, en critiquant la gare de la Pétrusse, opposée à celle de Bourbon. Je n'y avais cependant aucun intérêt personnel, puisque M. Mauss, membre de la commission et auteur de ce projet, m'a lui-même déclaré, à la réunion du 19 mai dernier, devant ses collègues, M. l'administrateur général, les membres du Conseil de votre Société, que, dans le cas où la préférence serait donnée à son projet, il y aurait lieu de me tenir compte de ce qu'il coûterait de plus que celui de la gare de Bourbon. M. l'administrateur général des chemins de fer, je n'en doute pas, voudra bien se souvenir de cette circonstance.

Quant à la dignité du gouvernement, cela me rappelle le mot de M. Jurion à M. Prost, en ma présence, à Paris, le 4 janvier dernier, à l'occasion de la rédaction du § 3 de l'article 4 de ma convention avec votre Société. M. Jurion dit à ce sujet, **que le gouvernement ne croirait pas de sa dignité de discuter avec un entrepreneur.**

Cela me parut étrange, surtout de la part de M. Jurion, dont la veille, **par lettre,** j'avais fait assurer la délégation.

Je répondis que le gouvernement m'avait jusqu'alors trouvé bon comme concessionnaire, et que je pensais qu'il ne dérogerait pas en traitant avec moi, comme entrepreneur.

J'aurais pu ajouter, Monsieur le marquis, que le gouvernement s'estimait alors très-heureux que j'aie bien voulu me faire entrepreneur avant le 1er septembre 1856, car au lieu d'avoir simplement **ma peau, comme l'a dit M. Simons, président du conseil des ministres,** il a eu ses chemins de fer.

Je pourrais, si cela était nécessaire, citer encore d'autres faits qui prouveraient qu'à cette époque le gouvernement grand-ducal était loin d'avoir de la répugnance à traiter avec moi les questions relatives à la construction et même **au matériel roulant** des chemins de fer du Grand-Duché.

Mais c'est inutile, et je ne doute pas, Monsieur le marquis, que votre Société saura maintenir ses droits vis-à-vis le gouvernement, et lui dire que je suis toujours, comme délégué spécial, tout à sa disposition.

Agréez, Monsieur le marquis, etc.

Signé A. FAVIER.

PIÈCE N° 66.

Nancy, 3 août 1857.

Monsieur l'administrateur général des chemins de fer, à Luxembourg.

Monsieur,

J'ai l'honneur de vous adresser avec la présente trois cartons contenant les différentes études faites pour élucider la question de l'emplacement de la gare de Luxembourg.

Le carton n° 1 renferme :

1° Le plan général de la gare, avec le tracé des quatre lignes s'y rattachant et tel que le propose la Société royale grand-ducale des chemins de fer Guillaume-Luxembourg.

2° Le profil en long de la ligne française.

3° Son détail estimatif.

4° Le profil en long de la ligne vers Trèves.

5° Son détail estimatif.

6° Le profil en long de la ligne belge par Hollerich.

7° Son détail estimatif.

8° Le profil en long de la ligne du Nord s'embranchant près Strassen.

9° Son détail estimatif.

Le carton n° 2 renferme :

1° Le plan général de la gare avec le tracé des quatre lignes s'y rattachant, selon la demande de la commission.

2° Le profil en long de la ligne belge par Merll.

3° Son détail estimatif.

4° Le profil en long de la ligne du Nord s'embranchant près de Strassen.

5° Son détail estimatif.

Les lignes de France et de Trèves sont semblables à celles indiquées dans le carton n° 1.

Le carton n° 3 renferme :

1° Le plan général de la gare avec le tracé des quatre lignes s'y rattachant, selon la demande de la commission.

2° Le profil en long de la ligne du Nord par le Rollingergrund.

3° Son détail estimatif.

Les lignes de France et de Trèves sont semblables à celles indiquées dans le carton n° 1, et la ligne de Belgique est la même que celle indiquée au carton n° 2.

J'ai dû, Monsieur l'administrateur général, vous adresser des détails estimatifs en blanc, ignorant les séries de prix que vous désirez appliquer pour comparer ces différents projets avec celui de la Pétrusse.

Ces différentes pièces vous seront remises avec la présente, par M. Jouve, auquel je vous prie de vouloir bien en donner un reçu détaillé.

Agréez, etc.

Signé A. **Favier**,

délégué spécial.

PIÈCE N° 67.

Luxembourg, 10 août 1857.

Au Conseil d'administration de la Société R. G. D. des chemins de fer Guillaume-Luxembourg.

Messieurs,

Par ma lettre du 10 juillet dernier, j'ai porté à votre connaissance ma résolution de cesser tous rapports avec M. Favier, et de n'en avoir plus qu'avec les organes de la Société.

Votre lettre du 7 août courant, n° 44, m'informe que vous vous proposez de donner à M. Favier des pouvoirs encore plus étendus, et par une première lettre du même jour, n° 46, vous demandez mon avis sur un projet de pouvoirs que vous avez l'intention de lui délivrer.

J'ai l'honneur de vous informer que quelque pouvoir il vous convienne de délivrer à M. Favier, sous quelque forme et pour quelque affaire que ce soit, je n'aurai aucun rapport avec M. Favier, ni avec ses agents et délégués, et je ne donnerai aucune suite aux communications qu'il pourrait me faire pour les affaires de la Société, laissant au Conseil d'administration la responsabilité d'un acte qu'il poserait en opposition formelle avec une résolution annoncée dès le 10 juillet dernier.

Recevez, Messieurs, etc.

Signé DE **Scherff**.

PIÈCE N° 68.

Paris, le 21 août 1857.

Monsieur l'administrateur général des chemins de fer, à Luxembourg.

Nous avons reçu la dépêche que vous nous avez fait l'honneur de nous adresser le 18 courant, et nous nous empressons d'y répondre.

Le Conseil a délégué près de vous M. Favier, dans la pensée qu'il en avait le droit, aux termes du § 1er de l'art. 26 des statuts.

Muni de nos pouvoirs, M. Favier avait pour mission de remplir vis-à-vis du gouvernement grand-ducal les obligations de notre Société, **et cela, sans infraction à l'art. 26 des statuts**.

Si nous avons maintenu la situation, en ce qui concerne M. Favier, postérieurement à votre dépêche du 10 juillet n° 1, c'est que, malgré notre désir d'avoir égard à votre demande, il ne dépendait pas de nous seuls de modifier les engagements pris, et nous n'avons pas cru pouvoir mieux vous faire apprécier notre ligne de conduite, qu'en vous communiquant notre convention avec M. Favier et en appelant votre attention sur l'art. 4 de cette convention.

Cette communication n'avait pas d'autre but. — Nous n'avons jamais prétendu nous prévaloir vis-à-vis du gouvernement de l'art. 4 en question, pour faire admettre le mandat donné à M. Favier. **Nous ne pouvions et nous ne pouvons encore qu'invoquer le 1er paragraphe de l'art. 26 des statuts**.

Dans toute autre circonstance, **et malgré les droits que nous confèrent les statuts**, nous vous prions de croire, Monsieur l'administrateur général, que nous aurions été heureux de vous donner la plus complète satisfaction.

Avant de répondre aux questions qui terminent votre lettre, permettez-nous de vous faire bien remarquer encore une fois combien notre situation est délicate.

Nous sommes en présence non-seulement d'un entrepreneur se chargeant à forfait de la construction de nos lignes, mais du concessionnaire primitif qui a fait de son traité à forfait, et notamment de l'art. 4 de ce traité, la condition de sa cession à la Société.

Pour ne laisser aucun doute dans votre esprit, voici notre réponse à vos deux questions :

« 1° Les plans de la ligne de France, portion frontière, que M. Favier
» vous a transmis en sa qualité de **délégué spécial** de notre Société par sa
» lettre du 16 juillet, et que, de votre côté, vous nous avez retransmis par
» votre lettre du 20 du même mois, et les plans que M. Favier vous a fait
» offrir par exploit du 6 août courant ; ces différents plans n'ont pas été, au
» préalable, communiqués à notre Conseil, ni par conséquent approuvés par
» lui. »

Vous trouverez encore, Monsieur l'administrateur général, l'explication de notre réponse dans le même paragraphe du susdit art. 4 de notre convention que nous ne rappelons encore ici que pour bien exposer notre conduite sous son véritable jour et nullement pour nous prévaloir de cet art. 4 et nous en armer comme d'un droit à faire admettre la situation par le gouvernement grand-ducal.

« 2° Si vous acceptiez les plans de M. Favier, et si, avant de les avoir
» approuvés, vous les communiquiez à notre Conseil, avec prière de les exa-

» miner du point de vue de l'intérêt de notre Société, et d'émettre un avis
» consciencieux toujours du même point de vue, le Conseil ne pourrait satis-
» faire à cette demande. »

En voulant bien vous reporter au paragraphe ci-dessus mentionné, vous verriez, Monsieur l'administrateur général, que :

« M. Favier s'engage à ne présenter à la Société les plans que lorsqu'ils
» auront été approuvés par le gouvernement. »

Répondant à l'avant-dernier paragraphe de votre lettre du 18 août courant, reproduisant votre lettre du 20 juillet dernier et contenant une pareille demande à l'égard des plans de la portion frontière de la ligne de France, nous ne pouvons vous exposer que ces plans nous sont complétement étrangers, et que la discussion ne peut s'en établir qu'entre vous et notre mandataire.

Enfin, pour satisfaire à l'invitation que vous nous avez adressée par votre lettre du 10 juillet dernier, nous répondons qu'il ne nous est pas permis de vous désigner une autre personne que M. Favier. avec laquelle vous pourriez discuter les intérêts de la Société dans la fixation du point de jonction avec les lignes de Trèves et d'Arlon.

Agréez, etc.

Pour le président du Conseil absent,

Le vice-président,

Signé L. PROST.

REMISES DES PLANS.

<table>
<tr><td>1° Pièce n° 3.</td><td>Lettre du 16 décembre 1855. — Remise des avant-projets autographiés des lignes de Trèves, d'Arlon et de Thionville.</td></tr>
<tr><td>2° Pièce n° 8.</td><td>Lettre du 15 mars 1856. — Remise du projet définitif de la ligne de Thionville.</td></tr>
<tr><td>3° Pièce n° 9.</td><td>Lettre du 18 mars 1856. — Accusé de réception de M. Jurion des susdites pièces.</td></tr>
<tr><td>4° Pièce n° 23.</td><td>Lettre du 20 septembre 1856. — Remise du projet du Drosbach.</td></tr>
<tr><td>5° Pièce n° 24.</td><td>Lettre du 20 septembre 1856. — Remise de l'avant-projet de la ligne du Nord.</td></tr>
<tr><td>6° Pièce n° 29.</td><td>Lettre du 2 octobre 1856. — Accusé de réception de M. de Scherff, des pièces ci-dessus.</td></tr>
<tr><td>7° Pièce n° 29.</td><td>Lettre du 2 octobre 1856. — Accusé de réception de M. de Scherff, du projet de Drosbach.</td></tr>
<tr><td>8° Pièce n° 30.</td><td>Lettre du 3 octobre 1856. — Remise des profils et plans des frontières belge et prussienne.</td></tr>
<tr><td>9° Pièce n° 37.</td><td>Lettre du 10 octobre 1856. — Remise de l'avant-projet de la gare à Clausen, avec les tracés y aboutissant.</td></tr>
</table>

10° Pièce n° 38. — Lettre du 25 décembre 1856. — Remise des études nouvelles de la ligne du Nord et de celle de Trèves, par Lintgen et Lorentzweiller.

11° Pièce n° 39. — Lettre du 30 décembre 1856. — Accusé de réception de M. de Scherff des susdites pièces.

12° Pièce n° 46. — Lettre du 20 mars 1857. — Remise des études faites : 1° pour le raccordement de la gare Bourbon à la ville ; 2° de la ligne de Trèves par Ham.

13° Pièce n° 40. — Lettre du 23 mars 1857. — Accusé de réception de M. de Scherff des susdites pièces.

14° Pièce n° 53. — Lettre du 15 mai 1857. — Remise des projets modifiés de la gare Bourbon.

15° Pièce n° 54. — Lettre du 22 mai 1857. — Accusé de réception par M. de Scherff des susdites pièces.

16° Pièce n° 55. — Lettre du 16 juillet 1857. — Remise du projet définitif du souterrain de Dudelange jusqu'à la frontière française.

17° Pièce n° — Lettre du 20 juillet 1857, du gouvernement grand-ducal à la Société Guillaume-Luxembourg, disant qu'il ne voulait pas accuser réception des pièces ci-dessus à M. Favier.

Plans présentés à M. de Scherff par huissiers et refusés.

18° Pièce n° — Le 6 août 1857. — Remise de tous les plans relatifs à la gare et aux tracés qui y aboutissent, conformément aux demandes de la commission des ingénieurs qui s'est réunie le 19 mai 1857.

19° Pièce n° — Le 3 septembre 1857. — Remise des plans de la section de la ligne française depuis Hesperange jusque près Luxembourg.

20° Pièce n° — Le 8 septembre 1857. — Remise des plans du souterrain de Dudelange jusqu'à la frontière française.

21° Pièce n° — Le 10 septembre 1857. — M. Favier met en demeure M. de Scherff d'avoir à approuver les susdits plans.

22° Pièce n° — Le 11 septembre 1857. — Remise des plans relatifs aux raccordements avec la Belgique (près Steinfort) et avec la Prusse (près Wasserbillig).

Relevé des lettres par lesquelles les concessionnaires réclament au Gouvernement l'indication des TRACÉS, des POINTS DE JONCTION AUX FRONTIÈRES et de l'EMPLACEMENT DE LA GARE.

1° Pièce n° 2. — Lettre du 3 décembre 1855. — Demande par M. Favier de la fixation des points où les trois lignes doivent aboutir aux frontières, et si le tracé par Hesperange sera adopté.

2° Pièce n° 10. — Lettre du 1er août 1856. — Demande par M. Jouve que le gouvernement ait à indiquer le point de jonction avec la Belgique.

3e Pièce n° 17. Lettre du 9 mai 1856. — Rappel par M. Jouve de la question de l'emplacement de la gare de Luxembourg et de la jonction avec la Belgique.

4e Pièce n° 20. Lettre du 30 juillet 1856.— Demande de M. Favier de connaître le point de jonction avec la France.

5e Pièce n° 23. Lettre du 20 septembre 1856. — Réserves par M. Favier au sujet des points de jonction avec les frontières française, belge et prussienne, et de l'emplacement de la gare de Luxembourg non encore déterminés.

6e Pièce n° 25. Lettre du 27 novembre 1855. — Demande par M. Favier de connaître l'emplacement de la gare de Luxembourg.

7e Pièce n° 26. Lettre du 3 décembre 1856. — Réserves par MM. Favier et Jouve au sujet du retard qu'éprouvent la fixation des points de jonction, l'emplacement de la gare de Luxembourg et le tracé de la ligne de Trèves.

8e Pièce n° 38. Lettre du 25 décembre 1856. — Demande par M. Jouve que l'emplacement de la gare de Luxembourg lui soit indiqué.

9e Pièce n° 41. Lettre du 2 février 1857. — Réserves par M. Jouve, le point de jonction avec la France n'étant pas encore déterminé.

10e Pièce n° 43. Lettre du 15 mars 1857. — Demande par M. Favier que le point de jonction avec la France soit déterminé.

11e Pièce n° 50. Lettre du 28 avril 1857. — Rappel par M. Favier de la question de l'emplacement de la gare de Luxembourg et des tracés.

12e Pièce n° 52. Lettre du 12 mai 1857. — Rappel par M. Favier de l'emplacement de la gare de Luxembourg.

13e Pièce n° 53. Lettre du 15 mai 1857. — Demande par M. Favier qu'il lui soit dit si l'emplacement de la gare de Luxembourg qu'il propose est dans des conditions acceptables.

14e Pièce n° 55. Lettre du 26 mai 1857. — M. Favier remet de nouvelles études afin que l'emplacement de la gare de Luxembourg soit enfin déterminé.

15e Pièce n° 59. Lettre du 8 juin 1857. — M. Favier met à la disposition du gouvernement MM. Barba et Frensdorff, afin d'établir les points de jonction avec la frontière prussienne, et demande la fixation de la gare de Luxembourg,

16e Pièce n° 61. Lettre du 22 juin 1857. — Demande par M. Favier de connaître l'emplacement de la gare de Luxembourg et le point de jonction avec la Prusse.

NOTE.

Le procès engagé devant le tribunal de Luxembourg se résume dans cette question :

La Compagnie des chemins de fer du grand-duché de Luxembourg a-t-elle le droit de désigner un délégué spécial pour discuter les plans du chemin de fer ?

L'art. 26 des statuts, approuvés par le gouvernement, résout péremptoirement la question.

Cet article porte en effet :

« Le Conseil d'administration peut, pour une ou plusieurs affaires détermi-
» nées, déléguer tout ou partie de ses pouvoirs par un mandat spécial. »

Le gouvernement ne peut pas contester le sens et la portée de cette disposition. — Il ne l'a point contesté.

Par sa lettre du 23 mars 1857, le Conseil d'administration de la Compagnie écrit au gouvernement qu'il a délégué M. Favier pour le représenter à l'effet de discuter les questions de gare et de tracés.

Par sa lettre du 31 mars, M. de Scherff, administrateur général des travaux publics, répond à la Compagnie, que si l'étude de certaines modifications n'éprouve pas de difficultés, les conférences, pour lesquelles *elle a délégué M. Favier*, pourront commencer après les fêtes de Pâques.

Par sa lettre du 13 avril, le même administrateur général écrit encore à la Compagnie, que si certaines propositions n'éprouvent pas de retard, les conférences auxquelles peuvent donner lieu la question de la gare et des tracés, et pour lesquelles *elle a délégué M. Favier*, pourront commencer vers le 24 du même mois.

En raison de cette délégation, M. de Scherff écrit le 3 *juin* à M. Favier, *délégué des chemins de fer Guillaume-Luxembourg*, pour traiter diverses questions relatives au tracé.

Il lui envoie, le 5 Juin (toujours sous la rubrique de *délégué des chemins de fer Guillaume-Luxembourg*), la copie d'une lettre écrite le même jour à la Compagnie, et qui traite de plusieurs questions relatives au tracé.

Il lui écrit encore au 5 juin (toujours au titre de *délégué de la Compagnie*), pour l'entretenir de divers points à éclaircir.

Jusque-là le mandat de M. Favier est accepté par le gouvernement, et les opérations préliminaires suivent leur cours normal.

Tout à coup la situation change. M. de Scherff écrit à la Compagnie, à la date du 10 juillet, qu'il n'a pas tardé à reconnaître que M. Favier considère les pouvoirs qui lui ont été donnés, non comme l'accomplissement d'une mission à remplir dans l'intérêt de la Société, mais comme un droit qu'il entend exercer en vue de ses intérêts privés et personnels d'entrepreneur ; — qu'une pareille situation ne peut se prolonger ; qu'il a donc résolu de cesser tous rapports avec M. Favier et de n'en avoir qu'avec les organes légaux de la Société.

Il y a lieu de s'étonner d'une résolution prise aussi brusquement, et l'on doit en chercher la cause dans les faits qui se sont produits du 15 *juin au* 10 *juillet*, entre M. de Scherff et M. Favier.

Nous n'en trouvons *qu'un seul*, c'est la lettre adressée par M. Favier à M. de Scherff, à la date du 22 *juin*.

Or que dit M. Favier par cette lettre? Que la Société n'a jamais entendu renoncer aux droits qu'elle a d'embrancher la ligne du Nord sur celle d'Arlon, et de la faire passer par le tracé le moins coûteux. C'est au reste ce que soutient la Société elle-même.

Mais cette réserve a-t-elle un caractère exceptionnel qui motive la résolution grave de M. l'administrateur général des travaux publics? Assurément non ! Elle invoque un droit.—Ce droit existe-t-il? — C'est une question d'appréciation, le cahier des charges et les diverses conventions à la main. —Je dis que c'est le seul fait qui se soit produit depuis le 15 juin, parce que les divers plans qui ont été présentés par M. Favier n'ont été ni acceptés, ni par conséquent examinés par le gouvernement.

La résolution de M. de Scherff est-elle uniquement basée sur la position insolite de M. Favier *comme entrepreneur et comme délégué*, et est-elle prise, moins en vue des faits qui se sont produits, que des faits qui pourront se produire, en raison de cette double qualité?

Cette hypothèse tombe d'elle-même. Il faut remarquer, en effet, que M. de Scherff, en acceptant M. Favier comme délégué de la Compagnie, n'ignorait pas sa double position de *délégué* et *d'entrepreneur*, car, en réponse à la lettre que lui écrivait M. Favier à la date du 28 *avril*, il lui répondait le 1er *mai* :
« Si je suis prêt à traiter avec vous la question de la gare, etc., ce n'est pas
» parce que votre traité vous donnerait le droit de poursuivre de pareilles
» négociations, mais parce que le Conseil m'a informé, sous la date du
» 23 mars dernier, qu'il vous a délégué pour le représenter dans la question
» de la gare et des tracés, *ainsi que l'article 26 des statuts lui en donne le*
» *droit.* En un mot, ce n'est pas avec *l'entrepreneur*, mais avec le *délégué*
» *spécial* de la Société, comme vous le dites vous-même, que je traiterai »

M. de Scherff connaissait donc la position de M. Favier comme *entrepreneur à forfait*, et s'il l'a accepté comme *délégué*, ce n'est pas *parce que*, mais *quoique*. En un mot, il l'a accepté parce que l'article 26 est absolu, et qu'il ne lui était pas facultatif d'accepter ou de repousser un délégué, *même entrepreneur*.

En vérité, nous. cherchons en vain, et nous ne trouvons nullement la cause de ce changement de front.

Il y a dans la lettre de M. de Scherff (lettre du 10 juillet) une expression qui peut nous mettre sur la voie. M. de Scherff dit, dans cette lettre, que la position de M. Favier est *contraire à la dignité du gouvernement* et aux *intérêts de la Société*.

Qu'entend le gouvernement par *sa dignité?* M. Favier est-il un homme qu'on ne puisse accepter comme délégué? Mais M. Favier était le concessionnaire primitif; il a présenté au gouvernement des garanties suffisantes de moralité et de responsabilité. Qui peut le plus peut le moins.

Qu'entend le gouvernement par les *intérêts de la Compagnie?*

Le gouvernement s'est ému *(tardivement il est vrai)* du rôle de la Compagnie. Il trouve qu'elle ne remplit pas son mandat vis-à-vis des actionnaires, en abandonnant la discussion des plans à un délégué *entrepreneur*, et il vient se faire le défenseur d'intérêts abandonnés par la Compagnie.

Cette observation n'est que spécieuse; et d'abord, qu'importe au gouvernement que les plans soient présentés et discutés par M. Favier ou par la Compagnie? Ne conserve-t-il pas toute sa liberté d'action, et n'est-il pas maître du terrain, *s'il se renferme dans les conditions et les principes posés par la loi de concession?*

En quoi donc les intérêts de la Compagnie se trouvent-ils compromis?

Voyons, d'ailleurs, ce qui s'est passé lors de la constitution de la Compagnie.

Lorsque M. Favier, concessionnaire primitif des chemins de fer du Luxembourg, céda gratuitement ses concessions à la Compagnie, aujourd'hui constituée, il les céda à la condition d'être entrepreneur des travaux.

Il y avait à s'entendre sur les termes de l'arrangement.

M. Favier avait proposé de traiter les travaux à forfait sur les plans (avant-projets) qu'il avait fournis à la Compagnie, et qui n'étaient pas approuvés par le Gouvernement.

La Société repoussa cette proposition. Elle fit observer, avec raison, que toutes les modifications qui pourraient être introduites par le gouvernement se trouveraient nécessairement à sa charge, et qu'elle entrerait ainsi dans la voie de l'inconnu, ce qu'elle voulait éviter.

M. Favier répondit, à son tour, que si il faisait les travaux à forfait et que les plans fussent discutés par la Compagnie, il subirait les conséquences de modifications qu'il n'aurait pas été appelé à contredire, ce qui était encore plus inadmissible.

12

Les deux combinaisons étaient anormales.

En l'absence de plans définitivement produits et acceptés par le gouvernement, une troisième combinaison était seule possible pour assurer un forfait à la Compagnie et sauvegarder les intérêts de M. Favier : c'était de transporter à M. Favier le droit de présenter et de discuter les plans.

C'est ainsi qu'intervint le contrat qui fait la loi des parties, et que la présentation et la discussion des plans par M. Favier devint une condition essentielle du contrat, une condition *sine quá non, et de l'adoption de laquelle dépendait la constitution de la Société.*

Ce contrat se justifie parfaitement.

La Compagnie savait très-bien que M. Favier avait intérêt à établir et à faire adopter des plans économiques ; mais elle savait aussi que le cahier des charges en traçait les jalons principaux, et qu'ils seraient discutés par le gouvernement. Elle trouvait donc et dans le cahier des charges et dans l'intervention du gouvernement, toutes les garanties suffisantes. Ne s'était-elle pas, d'ailleurs, réservé le droit de faire modifier les plans ?

Si la situation offre réellement des dangers, c'est pour M. Favier et non pour la Compagnie.

On paraît trouver exorbitante cette position de M. Favier, discutant les plans et intéressé a faire un chemin de fer à bon marché.

Faisons justice de cette observation, qui est sans portée.

Les parties qui discutent avec un gouvernement les plans et tracés d'un chemin de fer, ont toujours intérêt à faire un chemin de fer à bon marché.

La question qui s'agite est mal posée, et il faut en changer les termes.

Admettons la Compagnie directement et primitivement concessionnaire des chemins de fer du Luxembourg.

Quel aurait été son premier soin ? Présenter des plans et les faire adopter.

Quel aurait été son intérêt ? Obtenir le tracé le moins coûteux et le plus productif. Elle aurait cherché, par conséquent, à éviter les travaux d'art et à allonger économiquement les distances.

Voilà évidemment ce qu'elle aurait fait, parce que ses plans, une fois adoptés, elle aurait trouvé un entrepreneur qui eût demandé un prix à forfait d'autant moins élevé que les plans eussent été plus avantageux.

Or, ce que la Compagnie aurait fait, M. Favier le fera pour elle ; l'intérêt est déplacé, mais il est toujours le même ; s'il n'est pas immédiat, il est médiat pour la Compagnie, parce que c'est précisément en raison de l'adoption hypothétique de plans favorables que M. Favier a déterminé le prix de son forfait.

On ne peut donc pas admettre un forfait pour des travaux *dont les plans ne sont pas adoptés*, sans admettre en même temps que ces plans seront présentés et discutés par l'entrepreneur du forfait. — Ces deux propositions sont inséparables, — et on ne peut sortir de ce dilemme : — ou traiter avec un entrepreneur sur des plans adoptés, — ou laisser à l'entrepreneur, qui a consenti préalablement à un forfait, le droit de discuter les plans.

Ne laissons pas un mot sans réponse.

On a parlé, plus tard, d'une combinaison mixte qui aplanirait la difficulté.

On a dit que, pour donner satisfaction au gouvernement, la Compagnie pourrait présenter et discuter les plans, en se faisant assister de M. Favier, qui aurait, par le fait de son intervention, la garantie qui lui est nécessaire.

On réduit la question à une question de forme.

C'est une erreur matérielle.

Quelle est la situation de la Compagnie?

Quelle est la situation de M. Favier?

La Compagnie, garantie aujourd'hui par un forfait, a intérêt à ce qu'on dépense le plus possible, parce que ces dépenses améliorent le chemin sans augmentation de prix.

M. Favier, entrepreneur du forfait, a un intérêt contraire.

La Compagnie ferait donc, *nécessairement*, dans la discussion des plans, cause commune avec le gouvernement; et comme M. Favier ne serait admis qu'à titre officieux, puisqu'on lui refuse le droit de représenter la Compagnie, il n'y aurait, en réalité, ni contradiction ni débat, les deux seules parties admises à discuter ayant le même intérêt contre l'entrepreneur mis dans l'impossibilité d'agir.

Ainsi, soit que la Compagnie discute seule, soit qu'elle discute en présence de M. Favier, la situation est la même, et la plus légère concession de M. Favier serait la négation de son contrat.

Il y a plus : le gouvernement et les Compagnies, en présence du refus de l'entrepreneur, ne pourront passer outre, parce qu'on ne peut rendre un jugement contre un tiers qui n'est pas appelé ou dont la défense n'est pas libre.

En vérité, cette prétention du gouvernement est inexplicable; car, lorsque nous constatons le point de départ de l'entreprise, lorsque nous savons que M. Favier est le concessionnaire primitif; qu'il a reçu du gouvernement, pendant deux ans, des marques nombreuses et non équivoques de satisfaction; qu'ils ont préparé de concert les principaux éléments de l'affaire; qu'ils ont échangé leurs idées; qu'ils n'ont eu qu'une pensée commune, nous nous demandons comment le gouvernement n'a pas considéré comme une bonne fortune de se trouver en présence de l'homme avec lequel il a marché d'accord, et avec lequel sa tâche se trouve à moitié faite !

Un motif d'étiquette mal entendue, le seul que nous puissions admettre, ne peut faire fléchir le droit et la raison.

PARIS. — IMPRIMERIE CENTRALE DE NAPOLÉON CHAIX ET Cᵉ, RUE BERGÈRE, 20. — 9170.

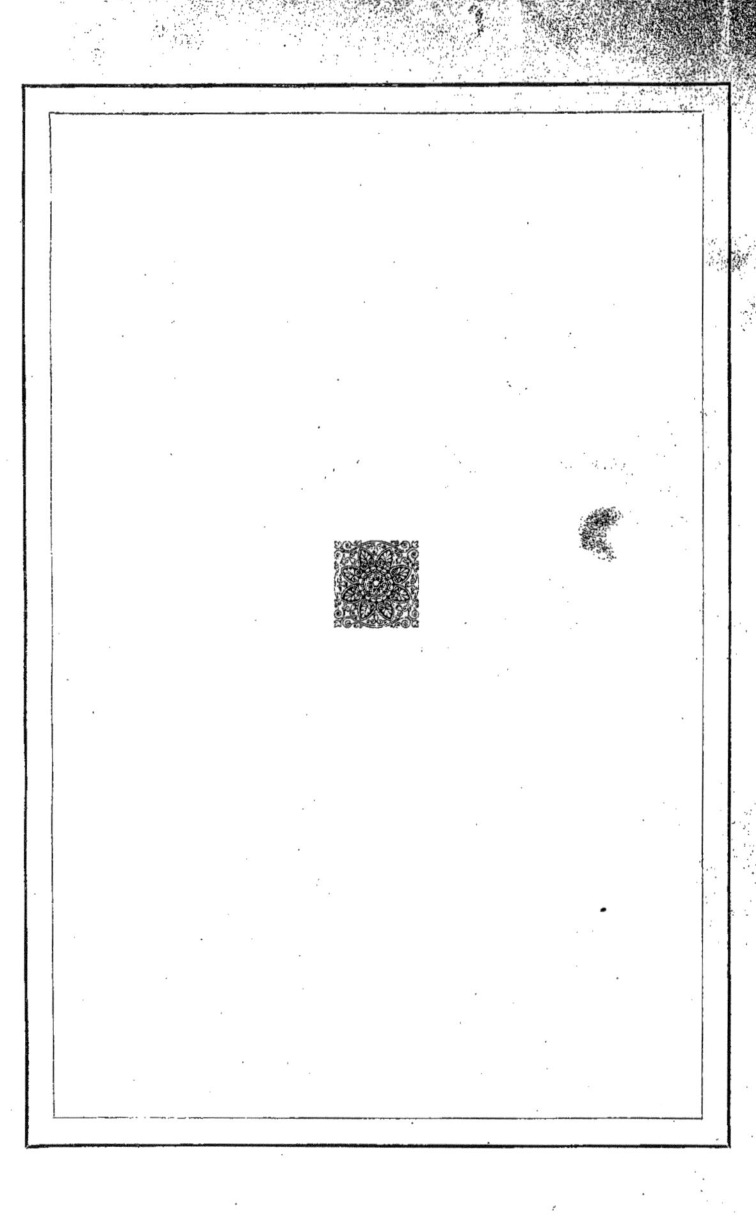

9 782016 144985